Nyetiobong Ikoedem William

Gestão de resíduos

Nyetiobong Ikoedem William

Gestão de resíduos

ScienciaScripts

Imprint
Any brand names and product names mentioned in this book are subject to trademark, brand or patent protection and are trademarks or registered trademarks of their respective holders. The use of brand names, product names, common names, trade names, product descriptions etc. even without a particular marking in this work is in no way to be construed to mean that such names may be regarded as unrestricted in respect of trademark and brand protection legislation and could thus be used by anyone.

Cover image: www.ingimage.com

This book is a translation from the original published under ISBN 978-620-2-05907-7.

Publisher:
Sciencia Scripts
is a trademark of
Dodo Books Indian Ocean Ltd. and OmniScriptum S.R.L publishing group

120 High Road, East Finchley, London, N2 9ED, United Kingdom
Str. Armeneasca 28/1, office 1, Chisinau MD-2012, Republic of Moldova, Europe
Printed at: see last page
ISBN: 978-620-7-88226-7

ÍNDICE DE CONTEÚDOS

PREFÁCIO

A complexidade dos fenómenos humanos no espaço rural e urbano tem tido um grande impacto nas consequências da gestão dos resíduos em diferentes locais, que se torna um tema de interesse recorrente entre sociedades, comunidades, instituições e organismos de todo o mundo. Este facto influencia a procura, por parte dos estudiosos contemporâneos do ambiente, de volumes de investigação sobre o tema no âmbito ambiental, cultural, biológico, agrícola, químico, geoespacial e sócio-temporal. O objetivo destas investigações é atenuar os impactos resultantes das crises fenomenais relacionadas com a gestão dos resíduos.

Não há dúvida de que os ciclos de vida das actividades humanas possuem os componentes dos processos e problemas de gestão de resíduos. A longo prazo, a visão é ao mesmo tempo fascinante e exasperante e não pode ser enfatizada em demasia. É por isso que o Workshop do Centro Internacional de Investigação em Energia e Sustentabilidade Ambiental (ICEESR) de 2016, intitulado **"Gestão de Resíduos e Contaminação de Terras"**, reuniu académicos de países desenvolvidos e em desenvolvimento para debater o assunto. Ao participar nesse debate e apresentar um trabalho intitulado **"Anatomizing the Spatio-Cultural Discrepancy in Urban and Rural Waste Management, Lessons for Enhancing Environmental Quality Sustainability in Abak, Akwa Ibom State" (Anatomizar a discrepância espácio-cultural na gestão de resíduos urbanos e rurais, lições para melhorar a sustentabilidade da qualidade ambiental em Abak, Estado de Akwa Ibom),** orientei a minha investigação no sentido de contribuir para o desenvolvimento.

Uma investigação pessoal sobre o assunto provou que muitas disciplinas, desde as ciências naturais e aplicadas, as geociências, a engenharia, os estudos ambientais, as ciências agrícolas, as ciências médicas/saúde, as ciências sociais, o direito e as humanidades estão agora ativamente interessadas nas histórias da gestão de resíduos. Diferentes domínios debateram as suas perspectivas. Não admira que as convenções de Roterdão, Basalto, Estocolmo e Minamata contenham rudimentos de gestão de resíduos. A inclusão da gestão de resíduos nos Objectivos de Desenvolvimento Sustentável (ODS) de 2016 não é surpreendente, porque tem sido debatida ao longo do tempo e a sua tendência de investigação continua a ser recente. Os governos de vários países incluíram a gestão de resíduos na sua agenda e nos seus objectivos. O Centro de Estudos de Gestão de Zonas Húmidas e Resíduos, o Departamento de Controlo da Poluição e Saúde Ambiental, bem como muitas autoridades e agências de gestão de resíduos não pararam de tocar a trombeta da gestão de resíduos.

Por conseguinte, esta panóplia rudimentar de gestão de resíduos não tem outra opção senão designar este livro por *"GESTÃO DE RESÍDUOS"*

Quando se banaliza a *"GESTÃO DE RESÍDUOS* ", perdem-se muitos factos que são vantajosos para a procura de um ambiente saudável e sustentável. Ao percorrer as suas páginas, verá mais do que suficientes vantagens para os seus valores sociais, económicos, naturais e biológicos. Os resíduos são variados e provêm de diferentes fontes. É por isso que o conceito de "fonte específica" é fundamentalmente considerado na gestão de resíduos. Como recurso, os diferentes locais, com base nos seus compromissos económicos, têm uma história para contar sobre o que realmente aconteceu em matéria de gestão de resíduos nos seus territórios.

Este livro contém os ingredientes vitais para transformar ambientes devastados em refúgios de felicidade. Cada título é discutido com aplicações de tal forma que a história não é uma ficção, mas é factual com a perspetiva do mundo em desenvolvimento. O seu clímax não é criticar ou dar crédito, mas propor soluções que podem levar os Estados, as nações e as sociedades a outro nível.

A "GESTÃO DE RESÍDUOS" é necessária para muitas coisas que têm como objetivo manter o ecossistema e prolongar a saúde do ambiente. O nosso ambiente é a nossa casa, a nossa saúde e a nossa esperança. Ninguém está dispensado de pegar num exemplar desta *"GESTÃO DE RESÍDUOS"*. A mensagem para os estudantes, académicos e investigadores das áreas do ambiente, da saúde, do desenvolvimento, da agricultura e da engenharia é que levem **"GESTÃO DE *RESÍDUOS"*** para todo o lado como um texto de confiança. Este livro será muito útil para os decisores políticos, consultores ambientais, consultores de saúde, defensores da higiene e do saneamento da água (WASH), gestores e defensores dos recursos ambientais, para o público em geral, para os amantes das coisas boas e para todos aqueles que amam as suas vidas.

Precisas deste material para melhorar de forma sustentável a qualidade e o valor do teu ambiente. Lê-o até te embeberes das suas possibilidades de te transformares a ti e aos teus companheiros.

Nyetiobong William,
Autor, Gestão de Resíduos, 2017.

DEDICAÇÃO

Este livro é dedicado à Sra. Marie Ebong, grande defensora da investigação sobre a gestão de resíduos e amiga do ambiente, Directora-Geral da Marbong Nig.Ltd, e aos estudantes e investigadores de todas as instituições em todo o mundo que consideram os estudos sobre a gestão de resíduos muito importantes.

RECONHECIMENTO

Estou grato a Deus Todo-Poderoso, a fonte suprema e o sustentáculo do conhecimento e da compreensão. Ele é o preservador da vida e o inspirador dos autores. A minha sincera gratidão vai para os meus pais, Pastor e Sra. Ikoedem William, cujo esforço altruísta e incansável me ajudou a concluir com êxito este trabalho. Estou grato à Dra. (Sra.) Comfort Abraham, a minha orientadora, que me aceitou como assistente de investigação e parte do seu grupo de investigação enquanto estive na universidade. Obrigado ao Prof. Imoh Ukpong, Dr. A. M. Imikan, Dr. Iniubong Ansa, Dr. Joseph Udoh, Dr. Emmanuel Akpabio, Dr. Uwem Ituen, Dr. Uffot, Prof.) Ibiyinka, Prof. Gbadegeisen, Prof. Phil -Eze, Prof. Charles Uko, Prof. Alabi Soneye, Dr. Yakubu, Dr. Ibrahim, Dr. Rogers Wilcox, Dr. Richard Ajah, Sr. Mbuotidem Ebong, Sr. Timchang Nimnan e muitos professores na Universidade de Uyo, Lagos, Calabar, Port Harcourt, Abuja e Jos, bem como a direção e os membros da Associação de Geógrafos Nigerianos, especialmente o Prof. Oyesiku e o Coronel (Dr.) Bantu, que, de uma forma ou de outra, apoiaram o meu estilo de escrita ao longo dos anos, especialmente nos meus últimos tempos em instituições superiores.

Reconheço também o papel do meu chefe, Dr. Charles Udosen, que me empregou no trabalho de campo e no grupo de investigação dos Projectos Eroflod e me orientou diretamente na análise do impacto ambiental, incluindo aspectos relacionados com a gestão de resíduos. Devo um agradecimento especial aos pais, mães e amigos do Workshop Internacional ICEESR-GIST- LANCASTER 2016, especialmente ao Prof, Enefiok Essien, Vice-Chanceler, Universidade de Uyo, Prof. E. Udosen, UNIUYO, Prof. U. Akpabio, UNIUYO, Prof. Kenneth Widmer, Instituto de Ciência e Tecnologia de Gwanju, Coreia do Sul, Dr. Edu Inam, Diretor, ICEESR e Convocador do Workshop, Sr. Oluyomi Banjo, Especialista em Ambiente da UNIDO, Abuja e Embaixador Ayo Olukanni, pela sua riqueza de ideias que lançaram as bases para os meus interesses de investigação na gestão de resíduos e pelos incentivos recebidos.

Um grande obrigado à minha avó, Sra. Marie Ebong, ao Sr. Iboro Iwok, ao Sr. Akan Ebong, à Sra. Emem Olofinade, à Sra. Esietawan Oyeleke, ao Pastor Okuwa P., ao Sr. Daniel Ibok, ao Sr. Ubong Udoudom, ao Sr. Ekom Ebong, ao Sr. Olu Oyeleke e ao Sr. Christian Patrick. Aos meus irmãos e primos, em especial Etido, Edikemfon, Amaeyene, Abasiofon, Obongekere, Deborah, Ibukun, Joshua, Olusegun, Eno Umoh, Abasiono I., Otoobong e Ekom John; agradeço sinceramente os seus esforços de amor para o êxito deste trabalho, quer por os envolverem, quer por não estarem presentes. Agradeço especialmente ao grupo 012 de antigos alunos de Geografia, em especial a Wisdom J., Abasifreke Abai, Daniel Sylvester, Valentine J., Akwa Ubok O., Willie A., Essang V., Prince A., Sunny, A. e Akanimo E. Agradeço também aos meus amigos Unyime Saturday, Solomon Michael, Hogan Joel, Enwongo Marcus, Barnabas Peter, Samuel James, Dan Alex, Emediong Jackson, Daniel E., Shadrach James, Iniette David, Jerry, Emmah, Joseph E., Ita V., Henry O., Aniebiet, Ubong e Henry Max por terem estado ao meu lado durante o trabalho. Não posso deixar de agradecer aos governos estatais e federais da Nigéria, passados e actuais, e a

Agradecimentos a todos os Ministérios e Agências, especialmente aos Ministérios do Ambiente, Agricultura, Saúde e Justiça por considerarem a gestão de resíduos como um projeto indispensável, à Lambert Publishing Company, especialmente a Kristine Vasaraudze, que instigou este trabalho e o acompanhou até este ponto. Agradeço a todos cujo trabalho se reflectiu no conteúdo deste livro. Agradeço a todos os que, de muitas formas, contribuíram e cujos nomes não são mencionados.

AVANÇAR

A gestão de resíduos tem continuado a preocupar a atenção de pessoas, organizações e governos, tanto nos países em desenvolvimento como nos países desenvolvidos. E não há dúvida de que continuará a ser motivo de preocupação enquanto o homem continuar a dedicar-se à produção e ao consumo de bens e serviços. Os resíduos diferem na sua composição e tipos, dependendo das actividades de produção e consumo que ocorrem num determinado ambiente. Podem variar desde os restos básicos, como os resíduos agrícolas e domésticos, até aos resíduos de petróleo e gás ou outros resíduos industriais, como os resíduos nucleares. A sobrevivência contínua do homem no planeta Terra exige que os resíduos, qualquer que seja a sua forma, sejam corretamente geridos.

Começaram a chegar ao mercado alguns livros no domínio da gestão de resíduos. Este título, ***Gestão de Resíduos***, é único pelo facto de ser quase um texto completo sobre gestão de resíduos com perspectivas de países em desenvolvimento. É abrangente e cobre as questões básicas sobre resíduos e gestão de resíduos. O autor apresentou um livro de leitura simples para cientistas ambientais e cientistas não ambientais e os seus esforços são bem louvados.

O livro será um texto de valor inestimável para aqueles que estudam Gestão Ambiental, bem como Gestão da Saúde Ambiental, Geografia e Planeamento Urbano e Regional nas Universidades. Os estudantes de Tecnologia da Saúde e Higiene também encontrarão utilidade neste livro. Finalmente, os consultores ambientais, os gestores ambientais e todos os interessados num ambiente limpo, seguro e saudável também encontrarão utilidade neste livro. É para este público e para o público em geral que recomendo este livro como um complemento válido para o conjunto de conhecimentos sobre gestão de resíduos.

Gabriel S. Umoh
Professor de Economia Agrícola e do Desenvolvimento, e
Diretor, Centro de Estudos sobre Zonas Húmidas e Gestão de Resíduos
Universidade de Uyo, Nigéria.

CAPÍTULO 1

RESÍDUOS: DEFINIÇÃO, CLASSIFICAÇÃO E GERAÇÃO

Definição de resíduos

Resíduos é um termo que várias disciplinas tentaram responder à questão de saber o que é. Onde quer que seja ou quando é utilizada, esta palavra apresenta uma imagem de algo inútil e insignificante. De acordo com Adewole (2009), os resíduos, tal como o termo implica, "são qualquer substância ou material sólido ou gasoso que, sendo um refugo ou superfluido, é rejeitado ou rejeitado e está a ser eliminado ou tem de ser eliminado como indesejado". Sridhar (1996) definiu os resíduos como qualquer material evitável resultante da atividade doméstica ou industrial; operação para a qual não existe procura económica e que deve ser eliminada. O Relatório sobre o Estado do Ambiente de Gujarat (2012) definiu os resíduos como materiais que são eliminados após a sua utilização, no final do seu tempo de vida útil previsto. Esta definição tem em consideração o facto de que qualquer coisa utilizada tem um período de tempo de consumo e utilização. Após esse período, esse bem torna-se um desperdício.

A Lei de Proteção Ambiental do Reino Unido (1990), que reintroduz uma lei anterior do Reino Unido. Esta definição legal foi levada mais longe na secção 75 (2). Define resíduos da seguinte forma:

- Qualquer substância que constitua um material de refugo ou um efluente ou outra substância excedente não desejada resultante da aplicação de qualquer processo.
- Qualquer substância ou artigo que deva ser eliminado por estar avariado, desgastado, contaminado ou estragado.

Adewole (2009) afirmou que as definições da UKEPA (1990) não tiveram em consideração a palavra "valor" dos elementos. Não foi sugerido que os resíduos não têm "valor" ou são "intrinsecamente inúteis". Embora a palavra "indesejável" pareça introduzir o problema, não implica necessariamente o elemento de valor para essa substância indesejável. Alguém pode ser tão rápido e confuso a dizer "embora indesejada, tem valor ou é útil". Por conseguinte, os resíduos incluem todos os objectos que já não são utilizados pelas pessoas, dos quais pretendem livrar-se ou que já deitaram fora (Enete, 2010). Por exemplo, se um recipiente de tinta tiver sido usado para servir o seu propósito quando a tinta estava lá dentro, e depois os utilizadores domésticos ainda virem a necessidade de o usar para ir buscar água ou armazenar alimentos, tal não é um resíduo até que o utilizador o considere inútil e sem valor e veja então a necessidade de o deitar fora. Os russos afirmam que "não existe uma palavra exacta para resíduos, mas o uso é o de um material que está à espera de ser reutilizado" (Adewole, 2009).

A partir das definições, as características claras dos resíduos são resumidas da seguinte forma:

1) Os resíduos são materiais ou substâncias
2) Os resíduos eram por vezes utilizados pelas pessoas num determinado período de tempo.

3) Os resíduos são indesejados, ou sem valor e inúteis para as pessoas.

4) Existe a intenção de o eliminar.

5) São eliminados por estarem avariados, gastos, contaminados ou estragados. São deitados fora.

6) Embora os resíduos sejam eliminados, têm tendência a ser reutilizados.

CLASSIFICAÇÃO DOS RESÍDUOS

Há uma variedade de resíduos, líquidos ou sólidos, provenientes de actividades humanas (domésticas, industriais e comerciais). Os resíduos podem ser categorizados com base nas seguintes perspectivas:

- Natureza, estado físico e composição dos resíduos.
- Fontes de produção.
- Localização dos resíduos.
- Perspetiva biológica ou não biológica.

CLASSIFICAÇÃO POR NATUREZA, ESTADO FÍSICO E COMPOSIÇÃO DOS RESÍDUOS

De acordo com esta classificação, os resíduos são subdivididos em: Sólidos (2) Líquidos (3) Gasosos. Como o seu nome indica, os resíduos sólidos apresentam-se sob a forma sólida, os líquidos sob a forma líquida e os gasosos sob a forma de gás. Neste trabalho, será dada prioridade aos resíduos sólidos e líquidos que afectam mais as populações locais e que são por elas provocados.

RESÍDUOS SÓLIDOS

Os resíduos sólidos são qualquer material que não seja líquido ou gasoso, inútil, indesejado e descartado. Os resíduos sólidos podem ser classificados como industriais, agrícolas ou urbanos. Podem ser causados por actividades humanas ou animais. De acordo com Bhartia (2011), os resíduos sólidos podem ser definidos como qualquer matéria sólida que é descartada por já não ser útil para a economia e que consiste em matéria orgânica e inorgânica. Os resíduos sólidos são gerados principalmente nos terrenos e as suas repercussões fazem-se sentir em todo o ambiente. Os resíduos sólidos têm sido uma questão ambiental importante em todo o lado desde a revolução industrial.

Para além dos resíduos que produzimos em casa, na escola, no mercado e noutros locais públicos, há também os provenientes de hospitais, produtos farmacêuticos, indústrias, explorações agrícolas e outras fontes (Fantola e Oluwade, 1996). É por isso que Matejicek e Benesova (2002a) consideraram os resíduos sólidos como algo de que o detentor se desfaz ou pretende desfazer-se por se ter tornado inútil e indesejável, como por exemplo: papéis, recipientes de plástico, garrafas, latas, alimentos e até carros fora de uso, pneus, frigoríficos, fogões e restos de aparelhos electrónicos avariados, mobiliário partido, resíduos hospitalares e outros materiais de embalagem. Estes resíduos podem ser inflamáveis (podem incendiar-se facilmente).

CARACTERÍSTICAS DOS RESÍDUOS SÓLIDOS

Corrosivo

Trata-se de resíduos que incluem ácidos ou bases capazes de corroer recipientes metálicos, por exemplo, cisternas [Moeller, 2005]

Incendiário

Os resíduos sólidos podem provocar incêndios em determinadas condições, como é o caso dos óleos usados e dos solventes.

Volátil

Os resíduos sólidos são instáveis por natureza, imprevisíveis e provocam explosões e fumos tóxicos quando aquecidos. São reactivos e vulneráveis a explodir.

Carcinogenicidade

Os resíduos sólidos são nocivos ou letais quando ingeridos ou absorvidos. São nocivos, venenosos, tóxicos, infecciosos e cancerígenos para os animais e os seres humanos.

Os resíduos sólidos podem ser classificados em termos de

(a)   ***Resíduos biodegradáveis e não biodegradáveis***

(b)   ***Resíduos combustíveis e incombustíveis***

(c)   ***Resíduos orgânicos e inorgânicos***

(d)   ***Resíduos urbanos, residenciais, industriais, agrícolas e comerciais (com base nas principais fontes)***

(e)   ***Resíduos perigosos e não perigosos***

(***fResíduos putrescíveis***   ***e não putrescíveis***

RESÍDUOS BIODEGRADÁVEIS E NÃO BIODEGRADÁVEIS

Os resíduos biodegradáveis são lixo, detritos, resíduos e entulho, por exemplo, excrementos de alimentos, produtos de papel, bem como vegetação como erva e galhos, vegetais, espigas de milho, fezes de animais, folhas de árvores, fruta podre, que podem ser decompostos naturalmente. Estes resíduos contêm substâncias que podem decompor-se com relativa rapidez em resultado da ação bacteriana e podem decompor-se em elementos recicláveis.

Os resíduos não biodegradáveis não se decompõem facilmente quando expostos à ação bacteriana. Incluem plásticos, metais e latas de alumínio, computadores avariados e peças de automóveis. Como não se decompõem facilmente, acumulam-se em lixeiras e aterros sanitários; um local para onde o lixo da cidade é enviado e permanece durante vários anos. Estes resíduos causam grandes danos à terra, à água e às pessoas que os rodeiam.

RESÍDUOS COMBUSTÍVEIS E INCOMBUSTÍVEIS

Os resíduos combustíveis são resíduos susceptíveis de se incendiarem facilmente e que são facilmente queimados. São exemplos o papel, a madeira, o plástico, os têxteis, as espigas de milho, as folhas secas e as plantas secas. Os resíduos incombustíveis são resíduos que não são facilmente queimados e não se incendeiam facilmente. Exemplos incluem metais, frutos podres húmidos, etc.

RESÍDUOS ORGÂNICOS E INORGÂNICOS

Os resíduos orgânicos são resíduos derivados de seres vivos como os vegetais, os resíduos animais, os resíduos vegetais, etc., enquanto os resíduos inorgânicos não são derivados de organismos vivos.

RESÍDUOS PUTRESCÍVEIS E NÃO PUTRESCÍVEIS

Os resíduos putrescíveis são resíduos susceptíveis de se decomporem. São semelhantes aos resíduos biodegradáveis. Os resíduos não putrescíveis não têm a capacidade de se decompor facilmente.

RESÍDUOS SÓLIDOS PERIGOSOS

Os resíduos sólidos perigosos são resíduos que possuem propriedades químicas, físicas, tóxicas, inflamáveis, explosivas, corrosivas ou reactivas que representam um perigo ou são susceptíveis de afetar a saúde humana e o ambiente. Estes resíduos contêm materiais que são:

a)   Nocivos para o ser humano ou para os animais domésticos

b)   Destrutivas para as plantas e outros organismos vivos.

c)   Tóxicos, carcinogénicos, mutagénicos ou teratogénicos para os seres e coisas vivos.

d)   Corrosivo

e)   Inflamáveis com um ponto de inflamação inferior a 60^0 c.

f)   Altamente reativo e explosivo.

Estes resíduos reagem individualmente ou em contacto com outros materiais para degradar o ambiente.

CLASSES DE RESÍDUOS PERIGOSOS:

1)   **Produto químico supérfluo:** Trata-se de produtos de materiais químicos, sejam eles ácidos de laboratório, bases, sais, fertilizantes, etc., que são utilizados e que depois são eliminados nos contentores ou nas paredes internas onde estavam armazenados.

2)   **Resíduos perigosos infecciosos:** Incluem resíduos patológicos, como tecidos, órgãos, partes do corpo removidas após cirurgia e autópsia; instrumentos cortantes, como seringas, vidros partidos, lâminas, resíduos em contacto com infecções, como esponjas, pensos, compressas, lâminas; equipamento médico fora de uso, resíduos radioactivos, etc.

3)   **Resíduos tóxicos perigosos:** Estes resíduos incluem materiais que são mortais e venenosos. Por exemplo, alguns resíduos sólidos que, quando inalados, são tóxicos, como os insecticidas que não são

gasosos ou líquidos, e os recipientes que contêm toxinas líquidas ou gasosas.

RESÍDUOS DE CONSTRUÇÃO/DEMOLIÇÃO

Trata-se de resíduos gerados pela construção, renovação, reparação e demolição de casas, edifícios comerciais e outras estruturas. Consistem principalmente em terra, pedras, betão, tijolos, madeira, materiais de cobertura, materiais de canalização, sistemas de aquecimento e fios e peças eléctricas.

COMPOSIÇÃO DOS RESÍDUOS SÓLIDOS

Num contexto urbano, de acordo com William & William (2016), os resíduos de papel e cartão representavam 26%, os resíduos orgânicos 20%, os têxteis 16%, os detritos de pedra, cinzas e terra fina 18%, o plástico, borracha e sintético 11% e o vidro e a cerâmica 10%. Nas zonas rurais, 35% da composição dos resíduos era constituída por resíduos orgânicos, 16% por papel e cartão, 8% por cerâmica/vidro 9%, plástico/borracha e sintéticos, 12% por metais, 14% por têxteis, 6% por resíduos de pedra, cinzas e terras finas.

Placa 1.1 Composição dos resíduos sólidos

RESÍDUOS LÍQUIDOS

Os resíduos líquidos são resíduos em estado ou forma líquida. Estes resíduos são fluidos e de escoamento rápido. Os resíduos líquidos são águas residuais provenientes de fontes municipais e industriais (Sridhar, 2013). Os resíduos líquidos são principalmente subclassificados com base nas fontes e nos geradores, na localização e nas propriedades.

De acordo com as fontes, estes incluem resíduos residenciais, comerciais, industriais, municipais, animais, etc. A classificação da localização inclui: urbana, rural, tropical, temperada, etc. Com base nas propriedades dos resíduos, estes incluem: agrícolas, químicos, físicos e fisiológicos. Exemplos de resíduos agrícolas incluem: água de árvores, sopa de cozinha, líquidos estragados como frutas, resíduos animais (fezes que são líquidas). Apresentam algumas propriedades físico-químicas quando testados. Os ácidos, as bases e outros líquidos de laboratório, as substâncias líquidas fora de prazo, os pesticidas e as ervas são resíduos químicos líquidos. Os resíduos líquidos físicos são a água suja, a água misturada com resíduos sólidos, a água de furos contaminados, os cursos de água contaminados, etc. Estes são conhecidos com base na cor, textura, sabor e cheiro. Os fisiológicos incluem o sangue, a urina, etc., provenientes da estrutura interna dos animais.

COMPOSIÇÃO DOS RESÍDUOS LÍQUIDOS

A composição dos resíduos líquidos é analisada através de medições físicas, químicas e biológicas. As análises mais comuns incluem a avaliação das lamas, a carência bioquímica de oxigénio (CBO), a carência química de oxigénio (CQO), o pH e a condutividade.

Análise das lamas

As lamas são definidas como resíduos ou detritos provenientes de estações de tratamento de águas residuais (Smith et al, 2009). É quando os resíduos sólidos (sólidos dissolvidos e suspensos) são filtrados e separados, de modo a que os resíduos sejam submetidos a análises laboratoriais.

CBO5 E CQO

A concentração de matéria orgânica é medida pelas análises de CBO_5 e de CQO. A CBO_5 é a quantidade de oxigénio utilizada durante um período de cinco dias pelos microrganismos que decompõem a matéria orgânica das águas residuais a uma temperatura de 20^0 c (68^0 F). Do mesmo modo, a CQO é a quantidade de oxigénio necessária para oxidar a matéria orgânica através da utilização de dicromato numa solução ácida e para a converter em dióxido de carbono e água.

A CBO_5 é utilizada para testar a resistência de águas residuais municipais e industriais biodegradáveis, não tratadas e tratadas. A CQO é utilizada para testar a resistência das águas residuais que não são biodegradáveis ou que contêm compostos que inibem as actividades de uma amostra de águas residuais.

pH e Condutividade

O pH analisa a natureza ácida e não ácida das águas residuais ou dos resíduos líquidos. Para o efeito, utiliza-se um medidor de pH e a condutividade é medida com um medidor de condutividade.

Placa1.2 Resíduos líquidos nos esgotos

PRODUÇÃO DE RESÍDUOS

A produção de resíduos é a produção, fabrico, criação e origem de resíduos num local e num determinado momento. Os resíduos são gerados principalmente por actividades humanas e poucos são biológicos e naturais. SOERG (2012) afirmou que a produção de resíduos é parte integrante do ciclo ecológico e que todos os elementos do ecossistema produzem, direta ou indiretamente, resíduos.

Com a sofisticação da tecnologia e o aumento das actividades, invenções e descobertas humanas, a quantidade de resíduos produzidos está a aumentar rapidamente. Não só aumentou em quantidade, como se tornou tão complexo em características que ultrapassam a degeneração da natureza. Nos últimos tempos, a produção de resíduos baseia-se na função dos locais. Diferentes áreas são conhecidas por funções diversas e os resíduos produzidos variam consoante a área funcional. Na Nigéria, zonas como Onitsha, Aba e Delta, onde prevalece a comercialização, em comparação com Port Harcourt e Bayelsa, conhecidas pelas indústrias petrolíferas, geram resíduos de forma diferente.

A produção de resíduos na África Subsariana é de aproximadamente 62 milhões de toneladas por ano. A produção de resíduos per capita é geralmente baixa nesta região, mas abrange uma vasta gama, de 0,09 a 3,0 kg por pessoa por dia, com uma média de 0,65 kg/capita/dia. Os países com as taxas per capita mais elevadas são as ilhas, provavelmente devido aos resíduos produzidos pela indústria do turismo e a uma contabilização mais completa de todos os resíduos produzidos. A África Oriental e a região do Pacífico foram responsáveis por cerca de 270 milhões de toneladas por ano. A China contribui com 70% do total regional. A produção de resíduos per capita varia entre 0,44 e 4,3 kg por pessoa e por dia na região, com uma média de 0,95 kg/capita/dia (Hoornweg et al, 2005). A produção de resíduos sólidos no Norte de África é de 63 milhões de toneladas por ano. A produção de resíduos per capita é de 0,16 a 5,7 kg por pessoa e por dia, com uma média de 1,1 kg/capita/dia. Quanto maior for o nível de expansão económica e de urbanização, maior será a quantidade de resíduos gerados nas áreas urbanas.

PRODUÇÃO DE RESÍDUOS SÓLIDOS NOS PAÍSES EM DESENVOLVIMENTO

A maioria dos resíduos nos países em desenvolvimento são resíduos sólidos, mas os resíduos líquidos continuam a ser gerados em maior quantidade, quer através do contacto direto ou indireto com os resíduos sólidos eliminados, quer através de um tratamento deficiente das águas públicas, uma vez que a tecnologia de reciclagem é baixa nos países africanos. A taxa de produção urbana de resíduos é mais elevada do que a rural devido ao aumento das actividades económicas e da taxa de consumo.

Nas cidades nigerianas, as taxas médias de produção de resíduos variaram entre 0,44 kg/cap/dia e 0,66 kg/cap/dia, por oposição a 0,7-1,8 kg/cap/dia nos países desenvolvidos. A densidade dos resíduos sólidos na Nigéria variava entre 250 kg/m^3 e 370 kg/m^3 . Estes valores são superiores às densidades de resíduos sólidos registadas em países desenvolvidos como os EUA, 150kg/m^3 , França, 132kg/m^3 , Japão, 163kg/m^3 . A elevada densidade reduz a eficácia dos veículos de compactação para a transferência de resíduos. Assim, a elevada densidade de resíduos na Nigéria exige diferentes tecnologias e sistemas de gestão (Sridhar, 2013). De acordo com Sridhar (2013), os resíduos da Nigéria são ricos em componentes orgânicos biodegradáveis. Os três principais componentes dos resíduos são orgânicos (60-80%), plásticos e nylon (cerca de 15%), metal (cerca de 10%). Outros componentes, como trapos, cinzas, etc., são de menor importância. Sridhar afirmou ainda que "se uma pessoa comum na Nigéria produz meio quilograma de resíduos, quando se junta tudo, a situação torna-se complexa.

FONTES, GERADORES E TIPO DE RESÍDUOS SÓLIDOS

Sources	Waste Generators	Waste Type
Domestic/ institutional	Household, schools, churches, homes, offices and residential areas	Food waste, paper, cardboard, plastics, textiles, leather, wood, glass, ashes, household hazardous wastes, batteries, tire, agricultural waste, home electronics.
Industrial	Local cassava and palm oil processing mills, bread factory and other local factories motorcycle, mechanic workshop, repairs, blacksmith's shop, carpentry shop, building site, etc.	Food waste, housekeeping waste, construction and demolition materials, steel, metals, wood, wheel, ashes, concrete, batteries, electronic waste, factory waste from processing, starch, packaging, cellophane bag, etc.
Commercial	Hospitals, stores, shops, restaurants, markets, malls,	Paper, cardboard, nylon, metals, wood, plastics, electronic waste, dirt, blades, toxic wastes.

As fontes domésticas e institucionais geram 47% dos resíduos sólidos nas comunidades nigerianas, as industriais geram 23% e as comerciais 30% (William, 2016). Isto é semelhante ao trabalho de Adewole (2009), cujos estudos revelaram que os agregados familiares são responsáveis por cerca de metade dos resíduos sólidos produzidos nas cidades do terceiro mundo. Por exemplo, no Estado de Lagos, a produção diária estimada é de cerca de 764 toneladas em todas as 20 áreas governamentais locais, incluindo as 37 áreas de desenvolvimento. Os principais tipos de resíduos sólidos incluem o papel, os têxteis, o plástico, os metais, o vidro, o furo, a madeira, a matéria vegetal e os restos de comida de consistência múltipla. As zonas rurais geram mais resíduos orgânicos como frutos, resíduos agrícolas, resíduos de fábricas de óleo de palma e de mandioca e cozinhas do que outros componentes de resíduos.

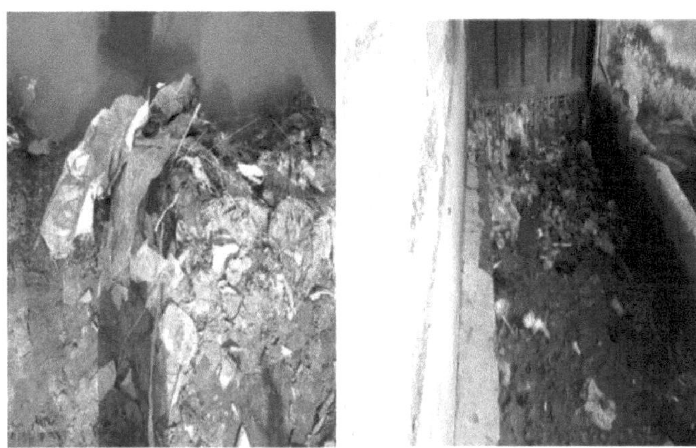

Placa 1.4 Resíduos comerciais no mercado da cidade de Eka Urua

Relatórios de Izugbara & Umoh (2004) revelaram que são produzidos cerca de 1,3 mil milhões de toneladas de resíduos a nível mundial, sendo 0,035% produzidos pela Nigéria. Cerca de 85,8% dos resíduos nigerianos são produzidos por agregados familiares. Calcula-se que um nigeriano médio, em zonas urbanas ou rurais, gere cerca de 0,49 kg de resíduos sólidos por dia, contribuindo os centros domésticos e comerciais para 10% do peso dos resíduos urbanos. Ogala, Chimaka e Tshvhase (2011) descobriram que, na cidade de Joanesburgo, na África do Sul, existem 6710 resíduos domésticos, 23% provêm de actividades comerciais e 10% de actividades industriais. Todos estes trabalhos revelam que a maior parte dos resíduos são gerados a partir de fontes domésticas ou familiares, semelhantes em diferentes comunidades em todo o mundo em desenvolvimento.

PRODUÇÃO DE RESÍDUOS LÍQUIDOS

Os resíduos líquidos são gerados a partir de instalações de tratamento de resíduos, instalações de controlo da poluição atmosférica, operações domésticas, comerciais, mineiras, institucionais, agrícolas ou governamentais; ou outros resíduos, incluindo materiais a reciclar ou a reutilizar de forma benéfica; ou fossas sépticas, caixas de gordura, caixas de sedimentos, sanitas portáteis ou bombas separadoras de óleo e gordura; ou solventes, esgotos, resíduos industriais, resíduos perigosos, resíduos semi-sólidos ou resíduos potencialmente infecciosos ou quaisquer materiais semelhantes que possam causar incómodo se forem descarregados nas águas subterrâneas (SOERG, 2012).

Os resíduos líquidos também têm origem em fontes domésticas, industriais, subterrâneas e meteorológicas e são normalmente designados por esgotos domésticos, resíduos industriais, infiltração e drenagem de águas pluviais, respetivamente. Os resíduos líquidos são eliminados das habitações e das lojas, sendo normalmente transportados sob a forma de pequenos líquidos com suspensão de pequenos sólidos em grandes condutas denominadas esgotos. O LW pode ser direcionado para um local específico para ser reciclado ou ser eliminado longe das pessoas, uma vez que pode levar à propagação de doenças (Ask, 2014). A água residual é uma mistura complexa que contém nutrientes, sólidos em suspensão, agentes patogénicos, substâncias que dissolvem o oxigénio e outros contaminantes, tendo cada um deles um impacto ambiental diferente [Odetola e Awoniyi, 2007]. Os esgotos precisam de ser eliminados, uma vez que são águas indesejadas provenientes de casas e lojas. A eliminação dos esgotos é, portanto, a devolução da água usada ao ambiente.

De acordo com a Organização das Nações Unidas para a Educação, a Ciência e a Cultura (UNESCO), a produção mundial de águas residuais está a aumentar a um ritmo exponencial, em resultado do rápido crescimento da população e da urbanização. Uma grande parte da população africana e asiática continua a não ter acesso a instalações de saneamento e de tratamento de águas residuais (Farlex, 2014; Organização Mundial de Saúde, 2014). Um grande volume de águas residuais não tratadas é despejado diretamente nos nossos recursos hídricos, ameaçando a saúde humana, os ecossistemas, a biodiversidade, a segurança alimentar e a sustentabilidade dos nossos recursos hídricos (Zandaryaa, 2011).

Os resíduos líquidos provêm de residências, indústrias ou agricultura. Englobam uma vasta gama de contaminantes que podem ser potencialmente nocivos ou concentrações que podem levar à degradação da qualidade da água. Estes contaminantes potenciais incluem sabões e detergentes das casas de banho, restos de comida e óleo das cozinhas e outras actividades humanas que envolvem a utilização de água. A água potável torna-se LW depois de ser contaminada com todos ou alguns dos potenciais contaminantes acima mencionados. A água residual proveniente de dejectos humanos (fezes, urina ou outros fluidos corporais), também conhecida como água negra, inclui água de sanitas, fossas sépticas ou de escoamento e água de lavagem; enquanto a água cinzenta é a água residual proveniente do escoamento da chuva urbana das estradas, telhados e passeios. As águas residuais podem estar contaminadas com diferentes componentes, que incluem sobretudo agentes patogénicos, produtos químicos sintéticos, matéria orgânica, nutrientes, compostos orgânicos e metais pesados. Estes componentes encontram-se quer em soluções quer sob a forma de partículas. A LV, enquanto recurso complexo, é simultaneamente vantajosa e inconveniente na sua utilização. Trata-se de um recurso renovável que, uma vez utilizado, pode ser recuperado e utilizado novamente para diferentes utilizações benéficas. A qualidade das águas residuais utilizadas e o tipo específico de reutilização determinam o nível de tratamento subsequente necessário. As águas residuais recuperadas podem ser utilizadas para outros fins, para além do consumo, tais como: irrigação de parques públicos, campos de atletismo, centros recreativos, pátios de escolas e campos de jogos, reservas de auto-estradas, irrigação de áreas ajardinadas em redor de edifícios, proteção contra incêndios, bem como descargas de sanitas e urinóis em edifícios públicos (Hespanhol, 1992).

Resíduos líquidos domésticos:

Os resíduos líquidos de origem doméstica são gerados pelas actividades quotidianas das pessoas, como o banho, a eliminação do corpo, a preparação de alimentos e a recreação. Cada pessoa gera mais de 400 litros de resíduos líquidos na Nigéria.

Resíduos líquidos industriais:

As águas residuais variam de indústria para indústria. As fábricas de transformação local e as fábricas que produzem pão, sabão, detergente, etc. nos países em desenvolvimento produzem diariamente muitas águas residuais.

Infiltração:

A infiltração ocorre quando as linhas de esgoto são colocadas abaixo do lençol freático ou quando a chuva se infiltra até à profundidade do tubo. Muitas fossas sépticas não são construídas corretamente nas zonas urbanas e rurais do mundo em desenvolvimento, com consequências negativas para o ambiente.

Drenagem de águas pluviais:

A quantidade de águas pluviais a transportar depende da quantidade de precipitação, bem como do escoamento ou rendimento da bacia hidrográfica. As zonas que pertencem à zona tropical húmida geram muitas águas residuais provenientes das águas pluviais, sobretudo durante a estação das chuvas.

Placa 1.3 Drenagem de esgotos que transportam resíduos líquidos naturais e produzidos pelo homem

CAPÍTULO 2

CULTURA DE GESTÃO DE RESÍDUOS URBANOS E RURAIS

A gestão de resíduos (GR) é definida como as actividades que lidam com o tratamento de resíduos antes e depois da sua produção, incluindo a recolha, transferência, armazenamento, separação, recuperação, reciclagem e eliminação de resíduos. A gestão de resíduos, de acordo com Egbara (2008) nas suas ramificações, é um sistema planeado de controlo eficaz da produção, armazenamento, recolha, transporte, processamento, eliminação ou utilização de resíduos de uma forma sanitária, estética, aceitável e económica. A gestão de resíduos abrange as funções físicas, administrativas, jurídicas, financeiras e de planeamento do tratamento dos resíduos.

A gestão de resíduos, enquanto disciplina ou domínio de atividade, combina técnicas e instrumentos sociais, económicos, científicos, geográficos, ambientais e de engenharia para se adequar aos objectivos de tratamento dos resíduos, de modo a não ameaçar a saúde pública e o ambiente. Por conseguinte, é estudada e explorada, o que a classifica como uma disciplina das Geociências, da Gestão Ambiental, das Ciências Naturais e Aplicadas, da Agricultura e das Humanidades. O único problema é que os diversos domínios aplicam metodologias e abordagens diferentes para criar modelos e teorias relacionados com a gestão de resíduos.

Enquanto cultura, a gestão de resíduos é a prática de todos os indivíduos de diferentes organizações, locais e ambientes que envolve o manuseamento de resíduos. A cultura implica as crenças, os costumes, as práticas e os comportamentos sociais de um lugar. Todos os fenómenos sociais têm uma interface direta ou indireta com os componentes ambientais. A cultura inclui padrões de comportamento, pensamento e actividades que definem grupos sociais ou um local. A gestão dos resíduos não é apenas um acontecimento, mas uma cultura, orientada para a redução e o tratamento dos problemas associados aos resíduos. A gestão dos resíduos sólidos urbanos e rurais é uma atividade cultural que define os níveis de qualidade ambiental em muitas partes do mundo. Os países em desenvolvimento apresentam padrões de gestão dos resíduos sólidos diferentes dos do mundo desenvolvido. Nos territórios dos países em desenvolvimento, a cultura rural e urbana varia. A perceção humana dos métodos de gestão de resíduos influencia a taxa de resíduos geridos e a forma como a atividade progride. Por conseguinte, as populações rurais têm os seus métodos de controlo dos resíduos, completamente diferentes dos urbanos. A necessidade de estudar a gestão de resíduos como uma cultura tem em consideração todas as facetas e componentes envolvidas na realização dos objectivos de gestão de resíduos e na garantia de uma gestão ambiental óptima. Porquê e como?

O URBANO

As zonas urbanas são localizações geográficas com uma população elevada, superior a 4.000 pessoas, e onde são desempenhadas diferentes funções como uma sociedade heterogénea. O afluxo de transportes, comunicações, marketing, administração e outras actividades económicas nas zonas urbanas conduziu a uma elevada taxa de consumo de recursos naturais e humanos a diferentes níveis. Nos centros urbanos, identificam-se mais edifícios e várias utilizações do solo. Muitas comunidades urbanas que eram rurais há muitas décadas, com uma maior utilização do solo para fins agrícolas e ecológicos, transformam-se em cidades onde as influências residenciais, institucionais, recreativas, sociais e industriais moldam a natureza da paisagem. Atualmente, os centros urbanos são conhecidos pela aglomeração de actividades humanas e pelo desenvolvimento crescente. O estatuto dos habitantes das cidades mudou, com impacto direto na utilização dos seus recursos.

Uma cidade é composta por distritos, zonas e bairros. A área é composta por homens e mulheres adultos, crianças e jovens, de diferentes profissões, ocupações e idades. A pequena área interior nos centros urbanos indica que as zonas estão congestionadas com pessoas que utilizam e consomem bens. A qualidade da habitação é constituída por edifícios de andares, bungalows e casas com cobertura de chapa de zinco e blocos de betão. As distâncias de vizinhança mais próximas do interior de dez quilómetros mostram a descentralização dos locais de assentamento urbano.

Nalguns casos, estão tão próximos dos seus vizinhos de ordem superior que a perspetiva de se tornarem mais altos é reduzida. No entanto, as concentrações de actividades económicas abriram caminho para que estes vizinhos mais jovens criassem asas para o desenvolvimento. O elevado crescimento da população nos centros urbanos resultou numa pressão sobre os equipamentos socioeconómicos, a terra e a exploração excessiva dos recursos. A degradação do ambiente urbano é constante.

O RURAL

A zona rural é uma localização geográfica com pessoas que dependem fortemente da economia agrária. O padrão de povoamento das zonas rurais é disperso e o povoamento piscatório nas zonas rurais, principalmente nos países em desenvolvimento, é linear.

Alguns dedicam-se à comercialização, à produção de esteiras, à tecelagem, à reparação local de bicicletas e a actividades locais. Muitas pessoas rurais migram para os centros urbanos para distribuir bens e serviços rurais, bem como para actividades recreativas. A paisagem florestal é muito virgem e a agricultura itinerante é muito praticada.

COMO É QUE AS POPULAÇÕES URBANAS E RURAIS PRODUZEM RESÍDUOS?

Não há nenhuma zona que não produza resíduos, apesar das actividades desenvolvidas. Sabe que as zonas rurais produzem uma grande quantidade de resíduos em função da ocupação do solo da zona?

Os resíduos rurais são gerados por agregados familiares, restaurantes, pequenos mercados, bares, reparadores de transportes, especialmente motociclos e bicicletas, ferreiros, centros de saúde das aldeias, quintas, explorações avícolas e de criação, escolas primárias, escolas secundárias locais (gramática) e escolas secundárias comunitárias. Recentemente, devido à eletricidade e aos geradores nas zonas urbanas e à utilização de lâmpadas recarregáveis, as zonas rurais utilizam mais pilhas e produzem mais resíduos de pilhas do que as zonas urbanas.

Os resíduos têxteis são altamente gerados sob a forma de trapos, roupas velhas, etc. Estrume de animais, chifres de vaca, ossos, etc. nas zonas onde se situam as explorações pecuárias, os locais de criação de gado e os matadouros. Pneus de bicicleta, frigoríficos velhos e veículos abandonados são mais frequentes nas aldeias. Além disso, o depósito de resíduos em riachos, água da cozinha, água dos banhos, etc. também produz resíduos líquidos na zona. Se as zonas rurais produzem resíduos desta forma, então as zonas urbanas tornaram-se locais de resíduos. Se os resíduos rurais são de 20%, os resíduos urbanos serão de (20x15) %. O crescimento da produção de resíduos urbanos ultrapassou o crescimento da população nos últimos anos.

A razão para esta tendência pode ser a mudança de estilos de vida, os hábitos alimentares e as alterações no nível de vida dos residentes. Assim, os esforços de muitos autores ao longo dos anos (Sridhar, 2009; Adewole, 2009; Udofia, 2010) têm-se centrado na gestão de resíduos urbanos e municipais e pouca atenção é dada à gestão de resíduos rurais.

GESTÃO DE RESÍDUOS SÓLIDOS

A gestão de resíduos sólidos é definida como a atividade de produção, controlo e redução de resíduos sólidos, recolha, armazenamento, transferência e transporte, transformação e eliminação de resíduos sólidos de forma a seguir os princípios da economia, engenharia, conservação, saúde, estética e sustentabilidade ambiental. As práticas de gestão de resíduos sólidos (GRS) incluem a recolha dos resíduos produzidos, a separação ou segregação dos resíduos, o armazenamento, a transferência e o transporte, a transformação, o tratamento e a eliminação.

O cenário WM do mundo em desenvolvimento

Os sistemas de gestão de resíduos sólidos abrangem todas as acções que visam reduzir os impactos negativos na saúde, no ambiente e na economia. Os países em desenvolvimento estão a enfrentar seriamente os problemas associados à recolha, transporte e eliminação dos resíduos sólidos urbanos. No mundo em desenvolvimento, devido às comunidades não planeadas e ao desenvolvimento dos locais, as condições ambientais e sanitárias estão a tornar-se muito graves. Um sistema inadequado de gestão de resíduos sólidos pode contribuir para o agravamento da taxa de degradação ambiental da comunidade. A deposição ilegal de resíduos sólidos urbanos é responsável por uma série de doenças nos países em desenvolvimento. A produção de resíduos sólidos per capita nos países em desenvolvimento está a aumentar anualmente devido à tendência para a urbanização.

O arquétipo e a concentração das áreas metropolitanas, a composição física dos resíduos, a massa de resíduos, a temperatura e a precipitação, a atividade dos catadores para a separação dos materiais recicláveis, a capacidade de tratamento, a insuficiência e a limitação dos recursos estão a tornar as tarefas muito difíceis para a administração e as autoridades dos países em desenvolvimento. Devido à diversidade de estilos de vida das comunidades, as agências de desenvolvimento não conseguem oferecer um tipo paralelo de sistema de gestão de resíduos sólidos para diferentes comunidades. Por conseguinte, os sistemas de gestão de resíduos sólidos indiscriminados estão a aumentar. O processo de recolha dos sistemas de resíduos sólidos existentes é deficiente nos países em desenvolvimento, nomeadamente devido à falta de contentores de lixo adequados e a um sistema de gestão inadequado. As descargas a céu aberto, as queimadas e os aterros sanitários não projectados são práticas comuns em todo o mundo em desenvolvimento. Devido a sistemas inadequados de eliminação e recolha de resíduos sólidos, os residentes estão expostos a graves impactos negativos no ambiente e na saúde nos países em desenvolvimento.

CICLO DE VIDA DA GESTÃO DE RESÍDUOS SÓLIDOS

O ciclo de vida completo da gestão de resíduos sólidos pode ser agrupado da seguinte forma:

1)   Produção de resíduos

2)   Manuseamento e separação de resíduos, armazenamento e processamento

3)   Coleção

4)   Separação e tratamento e transformação de resíduos sólidos

5)   Transferência e transporte

6)   Eliminação

PRODUÇÃO DE RESÍDUOS

Este é o processo pelo qual as substâncias e os materiais são considerados como já não tendo valor e são deitados fora ou reunidos para eliminação.

MANUSEAMENTO DE RESÍDUOS

O manuseamento e a separação dos resíduos envolvem as actividades associadas à gestão dos resíduos até à sua colocação em contentores de armazenamento para recolha. É a deslocação dos contentores carregados até ao ponto de recolha.

SEPARAÇÃO, ARMAZENAMENTO E PROCESSAMENTO

A separação dos componentes dos resíduos é necessária para o manuseamento e armazenamento dos resíduos sólidos na fonte. O armazenamento no local é de importância primordial devido a preocupações de saúde pública e considerações estéticas. Os resíduos sólidos são armazenados nas casas dos particulares. Quando o consumo tem lugar e os bens consumíveis perdem valor, tornam-se resíduos para as casas, locais comerciais e industriais, pelo que são armazenados em contentores. Muitos agregados familiares nos países em desenvolvimento utilizam cartão, sacos de celofane, plásticos e latas para armazenar os seus resíduos. A maioria dos locais não separa os resíduos biodegradáveis dos degradáveis. A transformação envolve a compactação e a composição dos resíduos na fonte.

COLECÇÃO

Isto vai para além da recolha de resíduos e do transporte dos materiais recolhidos para os locais onde os resíduos devem ser despejados. Atualmente, não existe um local especialmente autorizado, mas os indivíduos criam aterros sanitários ou lixeiras em qualquer lugar onde haja terra, ao contrário de muitas cidades onde estes resíduos são recolhidos pelas instalações de processamento de materiais ou estações de transferência.

Placa 2.1 Recolha doméstica de resíduos pelos residentes da comunidade

SEPARAÇÃO, PROCESSAMENTO E TRANSFORMAÇÃO DE RESÍDUOS SÓLIDOS

A separação, o processamento e a transformação dos resíduos sólidos ocorrem principalmente em locais distantes da fonte de produção de resíduos. Os resíduos são separados após serem classificados nos seus tipos antes de se iniciar o processamento em instalações de recuperação de materiais, estações de transferência, instalações de combustão e locais de eliminação. O processamento envolve a separação rigorosa de artigos volumosos, a separação por tamanho e a redução do volume de resíduos por compactação e combustão.

Os processos de transformação são utilizados para reduzir o volume e o peso dos resíduos que necessitam de ser eliminados e para recuperar produtos de conversão e energia. Os resíduos sólidos orgânicos podem ser transformados através de processos térmicos, físicos e bioquímicos, como a combustão, que é utilizada em conjunto com a recuperação de energia sob a forma de calor, ou a compostagem aeróbia. A seleção depende dos objectivos de gestão de resíduos a atingir.

TRANSFERÊNCIA E TRANSPORTE

A transferência e o transporte de resíduos envolvem a transferência de resíduos do veículo de recolha mais pequeno para o equipamento de transporte de grandes dimensões e o transporte dos resíduos para um local de processamento ou eliminação, normalmente a longas distâncias. A transferência é efectuada em estações de transferência. Os veículos de transporte de recolha habituais incluem: automóveis, motociclos, bicicletas e carrinhos de mão.

Placa 2.2 Transporte veicular de resíduos em diferentes residências de recolha de resíduos

ELIMINAÇÃO

A eliminação é muito importante na gestão dos resíduos sólidos. A eliminação de resíduos sólidos é a eliminação higiénica final de resíduos sólidos pelo homem. Existem vários métodos de eliminação, incluindo a incineração, o despejo a céu aberto, a queima, a compostagem, os aterros sanitários e o despejo no mar.

LANDFILLS

Trata-se de enterrar os resíduos em pedreiras abandonadas ou não utilizadas, em vazios de minas ou em buracos de escavações e de os cobrir com camadas de terra (Adogu, Uwakwe, Egenti, Okwoha e Nkwocha, 2015). Existem três tipos de aterros: o aterro comum, o aterro seguro e o aterro sanitário.

O aterro normal é um local de eliminação de resíduos em que os resíduos são cobertos intermitentemente com uma camada de terra para reduzir o número de catadores, melhorar a estética e minimizar os problemas de doenças e de poluição atmosférica. A desvantagem é a sua capacidade de poluir as águas superficiais e subterrâneas durante o escoamento e a infiltração. O aterro seguro é especialmente concebido para armazenar resíduos sólidos perigosos em contentores fortificados. Estes contentores são enterrados em profundidade, normalmente acima dos estratos geológicos, para evitar fugas de resíduos para as águas subterrâneas. O aterro sanitário envolve a cobertura diária dos resíduos com materiais terrosos e o desencorajamento da queima de resíduos no local, bem como a proteção das águas superficiais e subterrâneas contra a contaminação (Udofia, 2009). Um aterro sanitário é concebido para concentrar e conter os resíduos sólidos urbanos (RSU) sem criar incómodo ou perigo para a saúde ou segurança públicas. A ideia é confinar os resíduos ao menor volume possível e cobri-los com uma camada de solo compactado no final de cada dia de funcionamento ou mais frequentemente, se necessário. A camada compactada não elimina, mas restringe o acesso contínuo aos resíduos por parte de insectos, roedores e outros animais. Também isola os resíduos, minimizando a quantidade de águas superficiais que entram nos resíduos e os gases que saem dos mesmos.

Métodos de deposição em aterro sanitário

(a) O método da área: Este é o método baseado na área onde o aterro está situado. Consiste simplesmente em despejar os resíduos sólidos numa depressão natural e espalhá-los uniformemente sobre a superfície do solo, sendo finalmente compactados e cobertos com terra no final do dia de trabalho. Este método não requer escavação. O inconveniente é que os resíduos têm de ser transportados para a lixeira.

(b) O método das trincheiras: Este método envolve a escavação de sólidos e, em seguida, os resíduos são depositados, o solo escavado é armazenado, depois é utilizado equipamento de compactação para o compactar e, finalmente, é colocado um solo mais espesso sobre o depósito de resíduos.

(c) O método da rampa: Este método envolve a escavação de solos declivosos, o solo é armazenado e, em seguida, os resíduos são depositados, espalhados e compactados e, finalmente, cobertos com solo armazenado (Udofia, 2009).

Os equipamentos e meios utilizados para a construção do aterro sanitário são o camião de caixa, as locomotivas de reboque, as máquinas compactadoras, o trator de rastos, a pá mecânica de rastos, a escavadora mecânica, a pá mecânica de rodas, a bomba móvel, o camião cisterna, as pontes de pesagem, o pessoal (trabalhadores) e a instalação física.

Vantagens e desvantagens dos aterros sanitários

As vantagens dos aterros sanitários são o facto de estes ultrapassarem os problemas causados pelos mosquitos e pelo odor desagradável, permitirem um ambiente esteticamente agradável, melhorarem a saúde pública e serem higiénicos se forem corretamente tratados; são locais potenciais para a instalação de instalações recreativas, como campos de golfe, campos de ténis, campos de futebol e parques infantis após a sua conclusão.

O processo de degradação durante a deposição em aterro envolve a decomposição anaeróbia, que é muito lenta e pode levar muitos anos a ser concluída. Os aterros são zonas susceptíveis de colapso estrutural devido à sua incapacidade de resistir a características estruturais como os edifícios. Os lixiviados produzidos durante a decomposição e a água infiltrada através da cobertura do solo são responsáveis por graves riscos de poluição e de saúde para o homem.

INCINERAÇÃO

A incineração consiste na redução do volume de resíduos. Um incinerador pode ser utilizado para reduzir o volume original de resíduos combustíveis em 80 a 90%. Sem incineração, os resíduos são queimados localmente até se transformarem em cinzas. Trata-se da combustão e da cremação dos resíduos. Os resíduos perigosos são também incinerados em navios, criando potenciais problemas de poluição atmosférica e de eliminação de cinzas no ambiente marinho. A tecnologia utilizada na incineração está a mudar rapidamente. Estão a ser desenvolvidas técnicas mais avançadas. Uma delas utiliza um leito de sal fundido que deverá ser útil na destruição de material orgânico em sedimentação. Outras técnicas de incineração incluem a incineração por injeção de líquido em terras ou sistema de leito fluidizado e fornos de saúde múltiplos. O método de incineração utilizado para um determinado resíduo depende da natureza e da composição do mesmo.

Vantagens e Desvantagens Incineração

A incineração reduz o volume de resíduos e o odor associado aos resíduos. Reduz as matérias portadoras de doenças. Não necessita de um grande espaço de terreno para funcionar. No entanto, o custo de funcionamento e o investimento inicial são elevados. Produz resíduos e cinzas volantes que têm de ser eliminados. As chaminés de fumo das incineradoras podem emitir óxidos de azoto e enxofre e a incineração adiciona chumbo, mercúrio e outros metais pesados ao ambiente. A reparação e a manutenção das incineradoras são muito dispendiosas (Udofia, 2009).

DUMPING ABERTO

A descarga a céu aberto implica a eliminação de resíduos sólidos num terreno aberto sem cobertura, de tal forma que o terreno fica exposto à chuva, às moscas, ao vento e a pragas destrutivas. Os resíduos sólidos são geralmente amontoados em lixeiras a céu aberto, descobertos e desprotegidos, sem qualquer preocupação com a segurança, a saúde e a estética ambiental. A maior parte das lixeiras a céu aberto são minas de areia e pedreiras abandonadas, onde foram retirados cascalho e pedras, pântanos, planícies aluviais, zonas de encosta, casas abandonadas, edifícios inacabados propostos à beira do caminho e chiqueiros para a colocação de instalações.

A vantagem é que as lixeiras a céu aberto dão lugar a aterros sanitários e são simples de gerir, mas os riscos são os perigos para a saúde, criando um terreno fértil para a proliferação de pragas e a poluição ambiental.

Fig 2.3 Descarga de resíduos sólidos a céu aberto

QUEIMADURA

Muitas pessoas queimam resíduos combustíveis, incluindo: papel, plástico, borracha, nylon, cartão, maçaroca de milho, etc. As famílias colocam os resíduos em pequenos contentores chamados caixotes do lixo e, quando estão cheios, queimam-nos. A maioria das pessoas queima estes resíduos e deixa-os lá. Os escritórios, as escolas secundárias e primárias também têm caixotes de lixo nas suas respectivas organizações e raramente deitam os resíduos nos veículos de recolha. Mesmo as pessoas das zonas rurais dedicam-se muito à queima de resíduos sólidos. Os agricultores locais durante a época de plantação recolhem
folhas secas e resíduos sólidos agrícolas e depois queimá-los antes de cultivar a terra.

Placa 2.4 Queima de resíduos sólidos pelos residentes rurais

COMPOSTAGEM

A compostagem é definida como o processo biogeoquímico de decomposição de materiais orgânicos numa substância rica semelhante ao solo. Envolve a biodegradação de resíduos orgânicos em condições aeróbicas que conduzem à formação de uma alteração do solo semelhante ao húmus. A compostagem ajuda a estabilizar o solo, a fornecer nutrientes, a repor a matéria orgânica e a condicionar o solo. O processo desta transformação é influenciado pelas reacções dos materiais biológicos sob influências químicas e pelos processos ambientais, nomeadamente a ecologia geológica geomórfica e os fenómenos climáticos.

Os resíduos não biodegradáveis e não putrescíveis não são compostáveis devido à natureza dos resíduos, não sendo capazes de se decompor facilmente através de processos biogeoquímicos. A matéria orgânica putrescível e biodegradável pode ser compostável. Estes resíduos compostáveis subdividem-se em:

- Resíduos alimentares provenientes de cozinhas domésticas, restaurantes, supermercados, bares e mercados locais.
- Resíduos de jardim e resíduos lenhosos, tais como restos de relva, folhas e ramos, frutos podres, etc.
- Fração orgânica dos resíduos sólidos urbanos, por exemplo, resíduos de cozinha e produtos de papel.
- Resíduos agrícolas provenientes de explorações agrícolas, cozinhas domésticas, cozinhas comerciais, fábricas de transformação, etc.
- Lamas de estações de tratamento de águas residuais.

Na Europa e na Ásia, onde a agricultura intensa exige composto, a compostagem vai para além dos montes de composto no quintal e passa a ser efectuada em digestores mecânicos. O custo da separação é demorado e, por isso, na recolha, seria mais fácil manuseá-lo quando está separado do que misturá-lo e pensar em separá-lo mais tarde.

Processos envolvidos na compostagem

Existem diferentes fases na compostagem e estes processos são influenciados por forças térmicas e biológicas. Os microrganismos crescem naturalmente quando estes resíduos orgânicos são mantidos arejados e húmidos e decompõem-se e morrem quando a temperatura aumenta. As fases da compostagem são: a fase mesofílica, a fase termofílica e a fase de cura.

A FASE MESOFÍLICA

Este é o ponto de partida da compostagem, em que um grupo de microrganismos chamados bactérias mesofílicas, leveduras mitinonycetes e hidratos de carbono e outros fungos actuam sobre as gorduras, proteínas e hidratos de carbono e decompõem estas substâncias alimentares a uma temperatura normal de 45°c -65°c. Nesta fase, os protozoários atacam as bactérias e os fungos. No intervalo de temperatura de 45°c-50°c, quase todos os organismos mesofílicos do processo de compostagem são mortos e as bactérias termofílicas começam a crescer e a produzir calor com a temperatura de cerca de 70°c.

A FASE TERMOFÍLICA

Quando o composto atinge a temperatura de 65°c - 705°c, quase todos os organismos patogénicos são mortos em poucas horas. Depois, as bactérias termofílicas consomem o seu alimento e esgotam-no até ao ponto de deixarem de produzir calor e de o composto arrefecer.

A FASE DE CURA

Um outro grupo de organismos, principalmente fungos e antinomicetos, desenvolve-se a partir dos alimentos residuais, incluindo bactérias mortas, pelo que o composto acaba por arrefecer.

Técnica de compostagem

1. **Técnica mecânica**

   Antigamente, as técnicas mecânicas mais utilizadas eram o processo bacarri e a utilização de algumas instalações mecânicas de compostagem, como o digestor de grelha múltipla de silótipo concebido por Earp-Thomas, o silo de parede dupla e o processo Frazer. Recentemente, surgiram métodos mecânicos modernos, como o processo Dano, os moinhos de martelos Bangkok, o Dorr-Oliver, a máquina de raspagem, os moinhos de martelos Bulher, o digestor de silo vertical e o processo de tambor seer. A técnica mecânica consiste nos seguintes processos de funcionamento semelhantes:

   > Tremonha de armazenamento
   > Segregação
   > Retificação
   > Trituração
   > Conteúdo do controlo da humidade
   > Controlo da relação carbono/azoto
   > Compostagem (Uchegbu, 2002).

2. **Técnica não mecânica**

   Trata-se do empilhamento de resíduos e vegetais, com ou sem utilização de lamas de depuração como matéria-prima. O empilhamento é feito em fossos rectangulares e virado frequentemente para arejamento. No âmbito da técnica não mecânica, são utilizados dois métodos: o método interior e o método de Bangalore.

O método de interior foi praticado pela primeira vez na Índia, onde camadas alternadas de resíduos e de solo noturno são colocadas em poços rectangulares pouco profundos. Em seguida, são viradas regularmente durante cerca de 10 semanas, depois são retiradas e colocadas no solo durante 6 semanas e continuam a ser viradas regularmente.

O método Bangalore leva menos de 4 a 5 meses para que o composto esteja pronto e a espessura das camadas alternadas é limitada a cerca de 60 cm, diferente da anterior de cerca de 2 m.

FACTORES RESPONSÁVEIS PELA COMPOSTAGEM

1. Temperatura

A temperatura ideal para que os resíduos sejam transformados em composto situa-se entre 45°c e 65°c. Se a temperatura for superior a 70°c, haverá um efeito de cozedura que abrandará a ação dos micróbios. Processo aeróbio pertinente porque quando a temperatura desce abaixo dos 60%, é provável que a compostagem não se efectue.

2. Teor de humidade

A humidade permite a propagação e a multiplicação de microrganismos. Verificou-se que o teor de humidade é primordial a 40% e 60% e que a 40% a decomposição é reduzida. O espaço poroso necessário para a compostagem aeróbica é bloqueado pela água a mais de 60%. O arejamento pode ser aumentado através de uma humidificação adequada do composto.

3. A presença de oxigénio

O oxigénio acelera a taxa de decomposição, elimina o odor e evita a reprodução de moscas. O oxigénio desempenha um papel importante no desenvolvimento adequado da atividade microbiana. Normalmente, o arejamento é assegurado pela viragem ocasional do material ou por sopro ou aspiração de ar.

4. Relação carbono/nitrogénio

O carbono é uma fonte de energia para os microrganismos, enquanto o azoto sintetiza as proteínas. A relação carbono/nitrogénio é necessária para a decomposição da matéria orgânica. O rácio ideal de c/n é de 30:1

Vantagens da compostagem

1) Converte os resíduos orgânicos em corretor de solos e é fortemente recomendado para as zonas rurais onde a maior parte dos resíduos é orgânica.

2) O seu custo de funcionamento é moderado, ao contrário da incineração (Udofia, 2009).

Desvantagens da compostagem

1) Só necessita de resíduos orgânicos.

2) Consome muito tempo

3) O custo de funcionamento é elevado.

TRITURAÇÃO E PULVERIZAÇÃO

A trituração é um método mecânico de reduzir os resíduos sólidos a pedaços mais pequenos que seriam difíceis de aterrar. A trituração reduz o tamanho dos resíduos sólidos em relação à sua forma original. Os materiais triturados são depois espalhados nos campos.

Vantagens da trituração

1) O espalhamento de resíduos triturados seca os resíduos de modo a evitar problemas de odores e moscas.
2) Os materiais triturados não têm de ser cobertos com terra.
3) A trituração contribui para aumentar a vida útil dos locais de eliminação, uma vez que o espaço ocupada pela sujidade, no caso dos aterros, é gratuita.
4) Os produtos orgânicos são triturados de forma a não serem novamente atractivos para os roedores. (Egbara, 2009).

CULTURA DE GESTÃO DE RESÍDUOS SÓLIDOS

A gestão de resíduos sólidos enquanto cultura é mais do que práticas, métodos de gestão de resíduos ou processos envolvidos na gestão de resíduos sólidos. A cultura de gestão de resíduos sólidos refere-se aos atributos, crenças, técnicas, práticas e envolvimento.

PERCEPÇÃO DE UMA GESTÃO EFICIENTE DOS RESÍDUOS

A perceção é a forma como algo é visto, compreendido e interpretado. É definida como uma crença ou opinião, muitas vezes detida por pessoas e baseada na forma como as coisas lhes parecem. Significa mitologia ou mentalidade sobre qualquer coisa. A perceção da gestão de resíduos refere-se à consciência, às crenças e aos conhecimentos das pessoas sobre a gestão de resíduos. Por outras palavras, a perceção da gestão de resíduos nasce nas casas de diferentes indivíduos. De acordo com Banga (2013), a consciencialização e os conhecimentos sobre a gestão eficiente dos resíduos são influenciados pelos conhecimentos, atitudes e práticas das famílias em matéria de segregação e reciclagem de resíduos sólidos. A investigação realizada em Kampala por Banga revelou que a participação em actividades de separação de resíduos sólidos dependia do nível de sensibilização para as actividades de reciclagem na área, do rendimento do agregado familiar, do género e do nível de escolaridade. Ayodeji (2012) revelou que muitos professores do ensino secundário no Estado de Ogun, na Nigéria, estavam conscientes e tinham conhecimentos sobre a gestão de resíduos, embora possuíssem práticas negativas de gestão de resíduos.

No rural, o conhecimento sobre reciclagem representou 4,4%, incineração 5,6%, vazadouro a céu aberto 25,6%, queima 16,7%, enterramento 14,4%, aterros sanitários 15,6% e compostagem 17,8%. No urbano, 7,8% dos entrevistados responderam pelo conhecimento da reciclagem, 9,2% pela incineração, 18,3% pelo vazadouro a céu aberto, 18,3% pela queima, 12,4% pelo enterramento, 13,7% pelos aterros sanitários e 20,3% pela compostagem (William, 2017).

Quadro 2.3 Gestão não ética dos resíduos

ATITUDES EM RELAÇÃO À GESTÃO DE RESÍDUOS

A atitude é definida como o modo, a disposição, o sentimento, a posição e o comportamento de uma pessoa em relação a uma coisa. A atitude em relação à gestão de resíduos refere-se a condutas e tendências comportamentais relativamente à gestão de resíduos em qualquer lugar e comunidade. A atitude das pessoas em relação à gestão de resíduos pode ser afetada pelo seu nível de conhecimento e sensibilização para a gestão de resíduos. Foi referido que as casas com caixotes do lixo se empenham mais em armazenar corretamente os resíduos do que as casas sem caixotes do lixo (Adeyemo e Gboyesola, 2013). Na Nigéria, parece haver uma consciencialização e um conhecimento apreciáveis sobre a eliminação de resíduos entre as pessoas, mas a maior parte delas só conhece os métodos rudimentares e tradicionais e ignora os métodos modernos como a reciclagem e a incineração (Ayodeji, 2012).

Todos os membros das comunidades estavam envolvidos na gestão de resíduos, mas os métodos eram muito pobres. As pessoas envolvidas variavam entre adultos, jovens e crianças. Os adultos estavam mais envolvidos na gestão de resíduos sólidos do que os jovens, porque muitos jovens não gostam de inconvenientes. Deitam fora os resíduos enquanto andam na rua, nas salas de aula, nos mercados e em todos os sítios onde se encontram. Alguns jovens acreditam que os seus resíduos não significam nada para eles e que ninguém os incomodaria no que quer que fizessem. É óbvio que muitos jovens são ilegais e não obedecem aos regulamentos. Os adultos têm alguns valores éticos, especialmente nas zonas rurais onde as leis rigorosas são limitadas por castigos religiosos ou onde o chefe da aldeia não poupa ninguém, independentemente da sua classe. A GTS é praticada em todas as profissões e actividades. As mulheres e homens de negócios, especialmente os que trabalham em mercados e lojas urbanas, têm caixotes do lixo locais. Alguns utilizam caixas de cartão e outros preferem contentores grandes. Os trabalhadores administrativos e os professores do ensino secundário têm caixotes do lixo à sua volta. As primeiras horas da escola são especialmente dedicadas ao saneamento. O governo fixou dias do mês para a SWM numa área, tanto na aldeia como na cidade. Assim, o incumprimento implicaria um castigo, mas a corrupção e o suborno têm provocado actos ilegais, apesar das políticas de gestão de resíduos sólidos em países menos desenvolvidos, especialmente em África. No Gana, o género e a situação profissional não prevêem nem influenciam a vontade de reciclar (Asua Mah, Kumi e

Kwartenge, 2012).

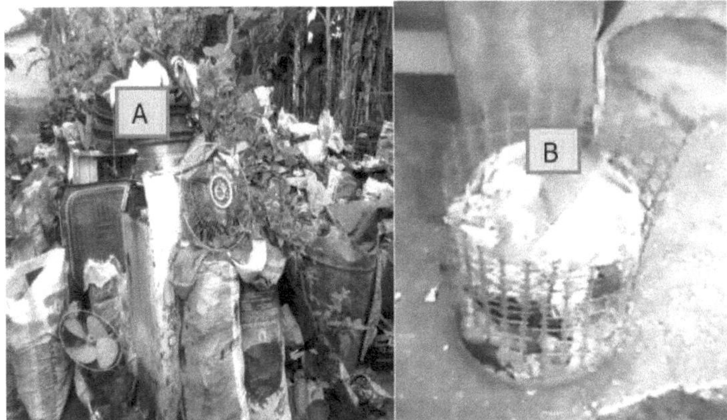

Placa 2.4 a. Descarga a céu aberto de resíduos metálicos

b. Resíduos sólidos recolhidos no caixote do lixo antes da eliminação

AVALIAÇÃO COMPARATIVA DA CULTURA DE GESTÃO DE RESÍDUOS SÓLIDOS URBANOS E RURAIS

Ao longo dos anos, a tendência para a gestão de resíduos através de metodologias localizadas tem sido adoptada por diferentes locais. Os componentes funcionais da esfera urbana variam em relação à esfera rural. Nos centros urbanos, há comportamentos diferentes no tratamento dos problemas, uma vez que a área é composta por grupos heterogéneos de pessoas de culturas diversas. No entanto, a gestão de resíduos nos centros urbanos da Nigéria tende a apresentar alguns níveis de semelhança, desde o ponto de geração de resíduos, recolha, até ao ponto de eliminação. Apesar das semelhanças, há excepções. As zonas rurais com características homogéneas e um padrão regular de gestão de resíduos geram, eliminam e gerem os resíduos de forma semelhante porque as suas percepções, crenças e preocupações são análogas.

Para avaliar comparativamente as diferenças entre o meio rural e o meio urbano, subdividir-se-ia em perceção, produção e atitudes em relação aos resíduos. As zonas rurais geram mais resíduos orgânicos e biodegradáveis do que inorgânicos, em comparação com as zonas urbanas, onde a produção de resíduos orgânicos e inorgânicos compete ao ponto de parecer haver uma produção igual destes resíduos. Os centros urbanos geram resíduos em grande escala devido à população, dimensão, níveis de consumo e instalação de indústrias, enquanto as zonas rurais geram uma proporção insignificante de resíduos.

Todos os indivíduos que se dedicam a uma ou outra atividade ou que consomem ou utilizam recursos

31

estão envolvidos na prática da gestão de resíduos, porque há alturas em que os bens não se destinam a ser consumidos ou em que o valor de um determinado bem diminui de tal forma que são deitados fora. Assim, as definições anteriores, especialmente a de Sridhar (1999), consideravam os resíduos como materiais "sem procura económica". Ou seja, já tiveram valor, mas o seu valor degenerou ao ponto de serem esquecidos.

A maioria das populações comunitárias, tanto rurais como urbanas, tem a seguinte perceção sempre que se fala de gestão de resíduos: "A gestão de resíduos consiste em limpar o ambiente circundante e manter o local limpo de modo a que não haja sujidade. Depois, esses resíduos podem ser despejados em qualquer lugar, desde que não prejudiquem ou magoem diretamente quem os deposita". Assim, a ideologia de que o lixo tem o seu próprio local, não o meu quarto ou sala, é uma perceção geral. Esta perceção é sobretudo positiva e mostra que as pessoas gostam geralmente de um ambiente limpo e gostariam de viver em ambientes sem resíduos.

A ideia que falta é que o lugar que se sente "não é a minha casa, então posso despejar lá" criou vários problemas para outros e o ciclo volta para si. Não é de admirar que, durante as fortes chuvas, as pessoas utilizem as águas pluviais como veículos de transporte de resíduos, o que constitui uma lixeira insalubre para a eliminação de resíduos sólidos no território de outros. Um inquérito efectuado à volta das sarjetas revelou que as pessoas converteram os esgotos em locais de eliminação.

As populações rurais que vivem perto de quintas, florestas, ribeiros e matos depositam os seus resíduos nesses espaços. Não pensam que as quintas, as florestas, os ribeiros e os matos são bens geomórficos como as casas? Os milhões de nairas e de dólares que uma única floresta pode gerar têm mais valor do que um bungalow cujos produtos têm tendência para destruir este ecossistema multimilionário. As populações rurais agravam os seus problemas transformando os seus cursos de água em locais de eliminação de resíduos e o resultado é devastador. Durante as fortes chuvas, muitas pessoas, tanto nas zonas urbanas como nas rurais, aproveitam a oportunidade para deitar fora os seus resíduos.

As populações urbanas também têm a mentalidade de "o que é que me vão fazer?" e transformam propositadamente os terrenos urbanos em lixeiras. Cidades como Aba, Onitsha, Katsina, Keffi, etc., são exemplos periclitantes (Inam, 2016). Infelizmente, muitas repartições públicas estão situadas muito perto de depósitos de resíduos sólidos. Esta ideologia de "manter a casa limpa" fez com que o comerciante que vai ao mercado varrer a sua loja, deixasse os resíduos na berma da estrada. O vizinho varre até ao espaço do vizinho mais próximo e, depois, o seu estilo de vida egocêntrico e a sua atitude de laissez faire em relação aos outros faz com que o Sr. A deite fora o seu papel e os seus produtos electrónicos estragados na residência do Sr. B e continue com o seu exercício diário sem ter em conta os factores associados noutros ambientes. Os condutores comem e deitam fora na rua enquanto se deslocam.

As pessoas das comunidades urbanas têm mais conhecimentos sobre a gestão de resíduos sólidos urbanos, tanto os métodos comuns como os pouco frequentes de gestão de resíduos sólidos, ao passo que os conhecimentos das comunidades rurais sobre os métodos de gestão de resíduos são microscópicos e limitados ao sistema recorrente autóctone de gestão de resíduos sólidos. A atitude em relação à gestão à resíduos, apesar destes níveis de conhecimento, é muito pobre nas zonas rurais e urbanas.

"A verdade é que se os residentes urbanos no mundo em desenvolvimento são indiferentes ao tratamento sensato dos resíduos, então a história rural da gestão dos resíduos sólidos urbanos está muito longe de avançar com abordagens inovadoras à gestão dos resíduos sólidos urbanos entre os contemporâneos internacionais."

PARTICIPAÇÃO DOS MEMBROS DAS COMUNIDADES NA GESTÃO DOS RESÍDUOS

Governos como o Ministério do Ambiente do Estado de Akwa Ibom (AKMENV), o Ministério do Ambiente de Lagos (LASMENV), etc., declararam o último sábado de cada mês para o saneamento. Muitas pessoas aproveitam esta altura para limpar as suas casas e não a comunidade. Os resíduos do mercado produzidos pelas mulheres do mercado não são tidos em conta, uma vez que todo o mercado está fechado. Poucos cidadãos conscientes da gestão de resíduos aproveitam este período para terminar as suas limpezas porque têm pilhas de resíduos nos caixotes do lixo, nas lixeiras e nos locais de deposição de resíduos não previstos nas suas casas, lojas e bancas de mercado. As crianças em casa seguem as instruções dos pais, sobretudo das mães, para esvaziarem os caixotes do lixo.

Os indivíduos da comunidade são muito teimosos em relação à ordem "não se deve deitar lixo aqui". Como o despejo a céu aberto é a cultura geral, tanto as zonas urbanas como as rurais adoptam este comportamento. As mães colocam os filhos às costas e levam as cargas de resíduos à cabeça para os locais de descarga, os pais usam carrinhos de mão ou motociclos ou mesmo bicicletas para despejar os resíduos e as crianças em crescimento seguem os pais com as cargas nas mãos ou na cabeça para os locais de descarga. A principal ideia transmitida por estes factos é que toda a gente deita fora os resíduos, mas que estes não são eliminados de forma adequada. A ideia de reciclagem existe mas não é aplicada devido a desvantagens tecnológicas. Numa entrevista com o Sr. Akpan, quando comprou um terreno, ele disse: "Descobri que ao escavar, especialmente durante a construção de fossas sépticas, vimos resíduos sólidos em grande volume, como se o local tivesse sido uma lixeira". Alguns escavam o terreno, entregam os resíduos e queimam-nos antes de cobrirem o terreno com o solo amontoado.

Na discussão com os processadores de mandioca, a investigação descobriu que algumas pessoas urbanas aplicam o método de reciclagem. O processador de mandioca afirmou que a palha ou os resíduos não seriam eliminados, mas transformados numa dieta local na Nigéria. Assim, se toda a gente for esclarecida a este respeito, a pobreza e a escassez de alimentos serão reduzidas. As populações rurais que processam mais resíduos de mandioca e de óleo de palma deitam-nos fora em arbustos próximos. Embora estes resíduos sejam biodegradáveis, são compostáveis (William, 2016).

De um modo geral, os centros urbanos têm uma densidade de resíduos superior à das zonas rurais, devido às actividades das populações urbanas e ao facto de muitas populações rurais deslocarem os seus bens para as zonas urbanas para os comercializarem e regressarem vazios. Por outras palavras, a produção de resíduos nos centros urbanos implica a conjugação de esforços dos habitantes das zonas rurais e urbanas. As zonas rurais, nos próximos anos, devido ao desenvolvimento crescente das zonas urbanas e à interligação com as zonas rurais em desenvolvimento, competirão com os centros urbanos na produção de resíduos, combinados com os resíduos ecológicos das zonas rurais. Ainda hoje, as lojas de pequena dimensão, os restaurantes de comida rápida, os bares e os matadouros nas aldeias tendem a ter mais resíduos do que algumas ruas urbanas nos países em desenvolvimento, que não geram os seus resíduos, mas os transformam facilmente em bens utilizáveis.

As zonas urbanas tornaram-se locais de despejo de resíduos quando não existe uma política forte que oriente a gestão de resíduos à escala local ou quando a política é mal aplicada. Uma vez que a sarjeta não é uma casa, com base nas crenças de muitas pessoas, podemos transformá-la naquilo que deveria ser. A questão é: a sarjeta serve para a eliminação de resíduos? O mundo em desenvolvimento ainda está muito longe da gestão ideal de resíduos.

Ponto de vista temporal na eliminação de resíduos sólidos

Em muitas casas, os membros da família, especialmente as crianças, continuam a varrer e a juntar-se na varanda até os resíduos ficarem cheios, antes de começarem a procurar o local onde guardaram a embalagem para os recolherem em sacos. Muitos locais guardam os resíduos no seu local doméstico durante muito tempo e depois esperam que transbordem antes de planearem a sua eliminação. A eliminação dos resíduos não tem uma data específica, mas a cultura mantém a consciência das pessoas relativamente ao compromisso de gestão dos resíduos numa perspetiva temporal.

Avaliação das técnicas locais (estudo de caso das comunidades nigerianas)

Os agricultores rurais aperceberam-se da necessidade de substituir os nutrientes e a matéria do solo que se esgotam com as culturas contínuas. A aplicação de estrume cru ou não cru diretamente nas culturas é arriscada para estas culturas porque, idealmente, tem fases de processamento para ser aplicado. Por vezes, a concentração de ácidos, bases e metais pesados pode não ser a ideal para a produção de culturas. Se os agricultores locais já têm a ideia de que as culturas precisam de estrume, então essa ideia deve ser desenvolvida na escola de compostagem de resíduos orgânicos. Uma vez que as zonas rurais geram mais resíduos orgânicos, o tratamento dos resíduos rurais torna-se muito mais fácil. A razão é que a maior percentagem dos seus resíduos ainda se encontra em ciclo.

As zonas urbanas colocam um grande problema: se não for criado um sistema adequado de gestão de resíduos, a atividade de gestão de resíduos continua a ser uma sombra. A ideia de converter o eixo da mandioca em "dieta humana" na sua escala mais baixa de produção é uma estratégia que revela algumas formas de reciclagem. Com isso, o rendimento familiar e a taxa de abastecimento alimentar aumentariam, porque se as famílias não tiverem meios de subsistência sustentáveis, a produção em massa cria problemas de riqueza. Se a Sra. A recolher estes resíduos de casa em casa, de empresa em empresa e de indústria em indústria, obtê-los-á em abundância e a produção em grande escala leva à redução dos resíduos.

Muitos criadores de animais rurais utilizam os seus resíduos orgânicos como alimento para cabras, pintos, porcos, coelhos, cães, etc. e estes materiais alimentares têm a capacidade de fazer crescer os animais domesticados. Muitas zonas rurais têm animais domesticados, especialmente porcos, cabras, pintos e coelhos, ao passo que nas zonas urbanas são poucos os que se dedicam a este tipo de atividade. Como os resíduos orgânicos são direta ou indiretamente geridos pelas populações rurais, os habitantes das cidades produzem-nos extensivamente sem realmente conceberem meios para os aumentar. É por isso que os mercados urbanos não são bons sítios turísticos em muitas comunidades, desde matadouros onde o estrume de vaca e de cabra, os chifres e as partes indesejadas são eliminados no espaço aberto até bancas onde são produzidos resíduos alimentares e outros resíduos sólidos. Também pode ser um facto consensual que os resíduos orgânicos não escapam às zonas urbanas. Mesmo as bancas de venda de fruta, os parques de estacionamento, os circuitos, os cruzamentos e os mercados noturnos são locais de semi-eliminação.

Os agricultores rurais convertem os resíduos em estrume orgânico e despejam-nos diretamente nas explorações agrícolas para repor os nutrientes do solo. Embora a aplicação direta de estrume bruto tenha efeitos consequentes nas culturas, especialmente se a concentração não satisfizer as necessidades do solo, estas pessoas locais têm conhecimento de que as suas culturas precisam de fertilizantes. Por isso, recomendam-se esforços no sentido da produção em grande escala de estrume a partir de resíduos orgânicos recolhidos para fins comerciais e agrícolas.

O papel, o cartão, os plásticos, os nylons, os sacos e os resíduos metálicos têm vindo à tona em toda a paisagem urbana, de tal forma que se coloca a questão: "será que estas pessoas compreendem realmente o valor ou a riqueza da reciclagem dos resíduos? Garrafas partidas, pilhas, resíduos de fruta, cascas de inhame, etc. são colocados num único caixote do lixo. Como é que se lida com isto?

Alguns métodos podem ser adoptados quando desenvolvidos, outros devem ser abafados no âmbito da gestão dos resíduos sólidos urbanos, para que surjam novas estratégias de gestão adequada dos resíduos.

Comparação com o mundo desenvolvido (União Europeia)

Os relatórios revelaram que 33,9% dos RSU produzidos em 2013 foram reciclados e tratados de uma forma diferente da incineração e da deposição em aterro (Iriate, Gabarell & Rieradevail 2009). Na Roménia, após um ano de adesão à União Europeia (UE), entre 2004 e 2008, os RSU depositados em aterro diminuíram 1% por ano (Comissão Europeia, 2013). Em 2006, numa base per capita, os países da União Ocidental produziram cerca de 550 kg de RSU por pessoa anualmente, em comparação com a taxa de produção dos EUA de 764 kg (Biachini, Pellegrini & Saccanic, 2011).

A gestão global dos RSU varia consoante a região/estado (Chem, 2010; Trulli, Torreta Raboni & Mai,

2013). Por exemplo, na Grécia, em Portugal e no Reino Unido, o aterro sanitário é utilizado como principal solução para 92%, 75% e 74%, respetivamente. Em comparação com os países europeus, os EUA recorrem aos aterros sanitários para 55%. Na UE, os países com uma elevada taxa de reciclagem são os Países Baixos com 64%, a Austrália com 59%, a Alemanha com 57% e a Bélgica com 52%, enquanto os EUA reciclam cerca de 33% dos RSU (Chowdhury, 2009; Gusti, 2009). A nível mundial, existem diferentes tipos de tecnologias para o processo de tratamento térmico. (Toretta, Ionescu, Rabon, Merler, 2014).

A redução na fonte, a produção, a recuperação e a eliminação constituem alguns dos segmentos mais importantes da gestão integrada dos RSU. Alguns dos resíduos são recuperados através da reciclagem e compostagem, por exemplo, valorizando a componente orgânica dos resíduos através do processo de digestão anaeróbia, mesmo operando em funções húmidas muito particulares. (Callegar, Toretta & Capodaglio, 2013) e outros são convertidos em energia térmica ou eléctrica. Os plásticos, o papel/cartão e as fracções de madeira foram reciclados através de sistemas como a recolha de resíduos ou um ponto de recolha e parte dos materiais recuperados foram posteriormente incinerados a nível local para a produção de energia (Bianchiniet et al, 2011, Ciuta Apostol & Rusu, 2015). Com o conhecimento destes métodos de gestão de resíduos, é evidente que muitas comunidades em desenvolvimento estão muito atrasadas em relação aos sistemas de gestão de resíduos do mundo desenvolvido. A cultura de gestão de resíduos nos países desenvolvidos é orientada para a riqueza ou para a economia, enquanto o terceiro mundo, especialmente a Nigéria, ainda utiliza abordagens rudimentares e tradicionais para gerir os seus resíduos sólidos.

CULTURA DE GESTÃO DE RESÍDUOS LÍQUIDOS

A gestão dos resíduos líquidos engloba o tratamento e o controlo dos resíduos líquidos. Os resíduos líquidos nas casas e nos agregados familiares são gerados através do banho, da cozinha, da lavagem, da urina, das excreções, dos trabalhos de construção, etc. A questão do "onde" destes resíduos é vaga. As populações urbanas e rurais geram uma composição semelhante de resíduos líquidos, mas as proporções variam. Tal como os resíduos sólidos são produzidos e necessitam de gestão, o mesmo acontece com os resíduos líquidos. A utilização de líquidos é uma questão quotidiana nos centros domésticos, comerciais e industriais, tanto nas zonas rurais como urbanas.

A gestão dos resíduos líquidos é efectuada de acordo com os seguintes processos:

1. Transporte LW
2. Tratamento LW
3. Eliminação de LW

LW TRANSPORTES

Os resíduos líquidos são transportados desde a sua fonte até às instalações de tratamento através de sistemas de tubagens que são geralmente classificados de acordo com o tipo de resíduos líquidos que passam rapidamente através deles. O sistema de transporte que transporta tanto as águas residuais domésticas como as águas pluviais, o sistema é combinado. Este sistema é maioritariamente praticado no ecossistema urbano. À medida que as cidades se desenvolvem, o tratamento das águas residuais e das águas residuais sanitárias é separado das águas pluviais por uma rede de tubagens separada. Isto é eficaz porque separa o esgoto pluvial espaçoso da estação de tratamento. Permite flexibilidade no funcionamento da estação e evita a poluição causada pelo transbordo combinado de esgotos, que ocorre quando o esgoto não é suficientemente grande para transportar tanto as águas residuais domésticas como as águas pluviais. Para reduzir os custos e construir uma rede de esgotos domésticos separada, as cidades americanas constroem grandes reservatórios, na sua maioria subterrâneos, para armazenar o excesso de esgotos combinados, que são bombeados de volta para o sistema quando este já não está sobrecarregado.

Os centros domésticos ligam-se à rede de esgotos através de tubos de barro, ferro fundido ou policloreto de vinilo (PVC) com 8 a 10 cm de diâmetro. Ao longo da linha central de uma rua, encontra-se a conduta de esgotos de grande diâmetro. Os canos mais pequenos são normalmente feitos de barro, betão ou fibrocimento, e os canos grandes são de construção sem revestimento ou com revestimento reforçado. Os resíduos líquidos fluem através dos tubos de esgoto por gravidade e não por pressão. As condutas de esgotos urbanos descarregam principalmente em colectores interceptores, que podem depois juntar-se para formar uma linha principal que descarrega na estação de tratamento. Os interceptores e as linhas principais são geralmente feitos de tijolo ou de betão armado (Karadi & Hung, 2009).

<u>TRATAMENTO LW</u>

Os processos envolvidos nas estações de tratamento de resíduos líquidos são geralmente classificados em três: tratamento primário, secundário ou terciário.

Tratamento primário

As águas residuais entram numa estação de tratamento e contêm detritos que podem entupir ou danificar as bombas e a maquinaria. Esses materiais são deslocados por ecrãs ou barras verticais e os detritos são queimados ou enterrados após remoção manual ou mecânica. As águas residuais passam então por um triturador onde as folhas e outros materiais orgânicos são reduzidos em tamanho para um tratamento eficiente e posterior remoção. As fases do tratamento primário são: câmara de trituração, sedimentação, flutuação, digestão e secagem (Karadi e Huang, 2009).

Tratamento secundário

Esta fase é geralmente utilizada para remover o fósforo e, em seguida, uma vantagem do tratamento que incluiria outras etapas adicionais que irão melhorar a qualidade do efluente através da remoção de poluentes refractários. A eletrodiálise reduz os sólidos dissolvidos e os sólidos em suspensão, bem como inverte a osmose. Para reduzir as águas residuais, a desinfeção por tratamento com ozono é considerada o método mais fiável em comparação com a cloração de ponto de rutura. Recentemente, surgiram novos métodos para conservar a água através dos resíduos.

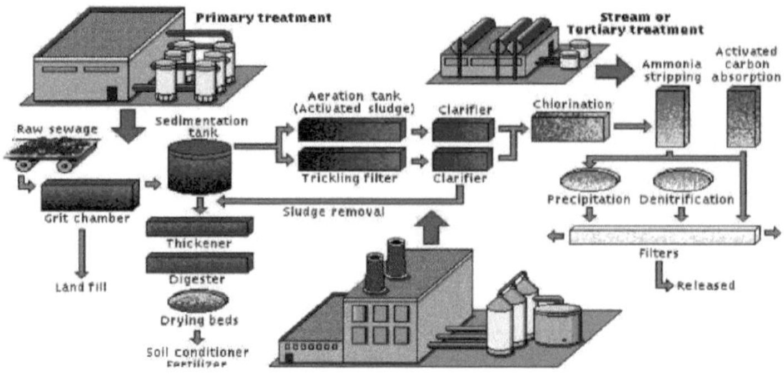

Fonte: Karadi & Hung, 2009

ELIMINAÇÃO DE LÃ

A eliminação final dos resíduos líquidos é efectuada por diferentes métodos. A maioria da população dos países em desenvolvimento, especialmente dos países africanos, descarrega os resíduos líquidos diretamente em massas de água como riachos, lagos e rios. Os países mais avançados, como os EUA, o Reino Unido e o Japão, dedicam-se à reutilização de resíduos líquidos devidamente tratados para recarga de águas subterrâneas, irrigação, processamento industrial, recreio e outras utilizações. Muitos projectos de reutilização estão centrados na Califórnia, Arizona e Texas. (Karadi & Huang, 2009).

Cultura de gestão de resíduos líquidos, uma consideração abrangente

A fossa séptica é normalmente utilizada para tratar os resíduos domésticos. A fossa séptica é um tanque de betão, preto ou metálico, onde os sólidos assentam e os materiais flutuantes sobem. O fluxo de líquido parcialmente clarificado flui de uma saída submersa para valas subterrâneas cheias de rocha, através das quais os resíduos líquidos podem fluir e percolar para o solo, onde são oxidados aerobicamente. As matérias sedimentadas podem ser retidas de seis meses a vários anos, durante os quais são decompostas anaerobicamente.

Durante os banhos regulares, a lavagem e outras actividades domésticas, a água é despejada na fossa séptica. Vários estudos tentaram mostrar o método local de eliminação de resíduos líquidos. Gujarant, na Índia, registou diferenças na gestão dos resíduos líquidos entre as regiões urbanas e rurais. O relatório SOERG (2012) afirma que os resíduos líquidos urbanos ou as águas residuais das cidades são principalmente orgânicos provenientes de fossas sépticas e de esgotos pluviais. Dos 166 centros urbanos, 67 centros urbanos (40%) têm esgotos e os restantes não dispõem de canalização. 57% das águas residuais não tratadas são descarregadas em terra, 29% em rios, 11% no mar e 2,5% em tanques/lagos interiores. As zonas rurais eliminam os resíduos de água na horta, em esgotos a céu aberto, em grandes fossas, no subsolo e na drenagem. Adogu et al (2015), no município de Owerri, estado de Imo, Nigéria, indicam o método e a percentagem de aplicação da seguinte forma: transporte sem água (13,8%), transporte com água (86,2%), fossa (2,5%) e sanita (95,4%).

A rede de esgotos nas zonas urbanas não pode ser comparada com a das zonas rurais, especialmente onde existem boas estradas. Toda a rede de esgotos urbanos flui de rua em rua e, por fim, é despejada em terrenos florestais, arbustos ou riachos maiores. Alguns são canalizados para espaços abertos. Recentemente, quando casas individuais tomam forma, todo o local começa a sofrer devido a um erro de engenharia de canalização dos resíduos para a direção errada. Já houve um cano de esgoto, uma linha e calhas que foram bloqueados por resíduos sólidos despejados por membros da comunidade.

Durante a estação das chuvas (fortes aguaceiros), as águas pluviais empurram os resíduos sólidos e depositam-nos em função da diminuição da velocidade da água. Homens e mulheres do mercado, moradores de rua e trabalhadores de escritório saem com caixas de cartão, caixotes do lixo, etc. para espaços abertos durante este período e deitam os seus resíduos sólidos na água. É o que dizemos sobre a cultura que há tanto tempo vive entre as pessoas "manter sua casa limpa, mandar seus resíduos para um lugar", mas que não resolve o problema associado à geração de resíduos. Esta acaba por causar mais problemas, tanto nos últimos tempos como no futuro.

A população rural utiliza os seus arbustos, quintais e cava grandes fossas para deitar fora as águas residuais. Onde não existem fossas sépticas para as casas de banho e sanitas, bem como lavatórios, constroem pequenas casas de banho utilizando vedações de zinco ou bambu, os resíduos de água escorrem para o espaço aberto e provocam inundações durante a estação das chuvas, quando o solo já está húmido. São colocadas pedras para mitigar o cenário de inundação nas casas. Algumas casas de banho rurais não utilizam água, mas são apenas latrinas e latrinas de fossa, onde se defeca e depois não se vê a necessidade de puxar o autoclismo. As águas residuais da cozinha, as águas residuais das fábricas de transformação, etc., são deitadas nos arbustos ou em terrenos duros. Nas zonas urbanas com rede de esgotos ou canais de drenagem, a água corre para o canal de drenagem e desagua no ribeiro maior. Atualmente, as populações rurais transformaram os ribeiros em latrinas e as fossas sanitárias em zonas de eliminação. Isto torna a água desconfortável e insalubre, tanto a água subterrânea como a água de superfície para beber, uma vez que recarrega o sistema artesiano.

Estes resíduos são eliminados por meio de canais sem água, canais de transporte de água/esgotos, fossas, quintas/arbustos, sistemas de baldes, fossas sépticas em zonas de barrancos, casas abandonadas não concluídas e esgotos.

Placa 2.5 Canal de drenagem de esgotos urbanos

A cultura de gestão de resíduos como um problema

A gestão inadequada dos resíduos, em particular, o atual despejo recorrente de resíduos em massas de água e em locais de eliminação não regulamentados, bem como outras formas de manuseamento insalubre dos resíduos, agravam os problemas de níveis de saneamento geralmente baixos nas zonas urbanas e rurais. Parece que muitas pessoas desenvolveram este hábito, que é prejudicial para a saúde e para o ambiente e que está fora de controlo. Um transeunte que esteja pressionado e queira defecar, corre rapidamente para os riachos nas zonas rurais ou vai para os arbustos próximos e faz o que é tão repugnante à vista humana. Apesar da civilização, a cultura inata do homem ou da mulher africana torna-se tão rígida que é preciso uma reformulação mental para que as pessoas trabalhem as suas percepções e preocupações.

Dentro de casa, os resíduos são os segundos habitantes das casas, especialmente quando ninguém valoriza um estilo de gestão de resíduos correto. Por exemplo, todas as roupas não desejadas continuam a ocupar a divisão e aumentam em quantidade diariamente. Começam a ser usadas como trapos e transformam a casa numa espelunca de trapos. Alguns amontoam os seus resíduos ao ponto de estes poderem ser descritos como um terreno elevado em casas, lojas e locais de origem dos resíduos. A ideia de que a gestão de resíduos é específica da fonte não pode ser questionada. A fonte tem o seu estilo especialmente diferente da outra, desde o ponto de produção até à gestão. A crença e a afirmação de que os resíduos mensais são aumentados através do exercício da gestão de resíduos no Estado é uma falácia. Desde a introdução desta política, a gestão dos resíduos está a ficar mais pobre do que o habitual. Uma situação em que os aterros sanitários ou as lixeiras são vizinhos de escritórios, casas e lojas, é um assunto sério que não pode ser exagerado devido aos problemas que causaria a toda a zona. As sarjetas estão agora a transformar-se em lixeiras e os resíduos são depositados diariamente nas sarjetas. Estes locais não são bem vistos pelos habitantes das povoações próximas. Apesar de terem sido colocados sinais legais nas estradas e nas lixeiras ilegais com a frase "não despeje lixo aqui, por ordem da polícia", vários pontos ilegais de recolha de lixo continuaram a ser criados indiscriminadamente pelos residentes, o que representa um perigo para a saúde e uma perda de estética.

Em locais públicos, os excrementos são misturados com os resíduos sólidos, criando assim exasperação na reciclagem de resíduos em casa, não há supervisão adequada por parte de muitos pais sobre o local para onde as crianças levam os resíduos e um professor que castiga os alunos atrasados para apanharem o lixo não tem tempo para ver onde os resíduos estão a ser despejados pelo aluno que está com pressa de ir para a aula. No ponto de recolha, não há veículos de recolha nos postos de porta, mas os indivíduos embalam os seus resíduos em sacos, contentores de plástico e não plástico e caixas de cartão e levam-nos depois para as lixeiras através dos seus veículos pessoais, motociclos, bicicletas, carrinhos de mão, carregando-os na cabeça e segurando-os com a mão. Em Uyo, no estado de Akwa Ibom, estes veículos que recolhem os resíduos nos cruzamentos das estradas criam sérios problemas às pessoas que se deslocam ou transportam os resíduos.

FACTORES RESPONSÁVEIS PELOS PROBLEMAS PERSISTENTES DE RESÍDUOS

1. Perceção da eliminação de resíduos (fator psicológico)
2. A atitude do governo em relação ao trabalho
3. Equipamento ineficaz de tratamento de resíduos
4. Implementação e aplicação frágeis da legislação relativa aos resíduos
5. Redundância da investigação sobre SWM e LWM
6. Custo dos métodos modernos de gestão de resíduos

Perceção da eliminação de resíduos (fator psicológico)

A atitude mental dos habitantes das cidades e das zonas rurais dificulta a gestão eficaz dos resíduos em muitas cidades e aldeias do mundo em desenvolvimento. Falomo (1995) identificou dois grandes problemas mentais: a elite despreocupada, que tem uma atitude de "não ver, não pensar" em relação aos montes de lixo que passam na rua a caminho dos seus escritórios, e os pobres ignorantes, que têm uma atitude de resignação impotente perante a sujidade. No final, ninguém faz nada para motivar as autoridades responsáveis pela eliminação dos resíduos e o problema continua a existir.

As comunidades em África estão naturalmente habituadas à sujidade. As evidências da história de Lagos, Aba, Warri, Asaba e Onitsha revelaram a deposição diária de lixo nos esgotos, de papéis nas sarjetas e a transformação das casas em casas de trapos (Adewole, 2009). As auto-estradas estão cheias de lixo, e as pessoas podem acabar por interpretar o erro do Sr. "A" ao deitar o lixo numa autoestrada como um novo local para a descarga de resíduos.

Atitude do governo em relação ao trabalho

A atitude negativa em relação ao trabalho teve um impacto negativo nos esforços de gestão de resíduos do Estado. A má atitude do governo em relação ao trabalho, a falta de coordenação e a comunicação inadequada entre os trabalhadores e a instituição responsável pela gestão dos resíduos sólidos, devido aos entraves burocráticos e à ineficácia na prestação de muitos serviços públicos urbanos.

A má atitude demonstrada pelo pessoal da autoridade de gestão de resíduos. O sector público gere os resíduos na Nigéria, embora o sector privado também esteja envolvido em alguns casos. Mesmo nas autarquias locais, foram por vezes criados departamentos de gestão de resíduos no âmbito da secção de saúde pública ou do Ministério do Ambiente. No entanto, a capacidade de gerir eficazmente os resíduos tornou-se inadequada e a intervenção do governo do Estado revelou-se abortiva.

Equipamento e ferramentas ineficientes de manuseamento de resíduos

Na esfera urbana e rural, o equipamento e os instrumentos de gestão dos resíduos são inadequados. Problemas como a inadequação dos veículos, o financiamento dos varredores de rua, a falta de conhecimentos técnicos, a manutenção deficiente e os instrumentos rudimentares de gestão dos resíduos têm atormentado as autoridades que devem desempenhar as funções de gestão dos resíduos.

Implementação e aplicação frágeis das leis de gestão de resíduos

A aplicação da legislação ambiental na Nigéria tem sido um problema grave. Os problemas são políticos, sociais e económicos. As queixas das pessoas sobre o facto de serem obrigadas por lei a limpar os caminhos pelo menos uma vez por mês também são problemáticas. Consequentemente, muitas pessoas decidiram ser desobedientes à lei, esquivando-se ao exercício de saneamento mensal supostamente obrigatório com desculpas frágeis.

Quando as pessoas violam as leis, as entidades responsáveis pela aplicação da lei não actuam em conformidade, nem as punem, nem pagam multas. Depois de ver os sinais nas ruas com a legenda "não se deve deitar lixo fora" e a ordem ter sido dada por um agente da autoridade, as pessoas consideram-na irrelevante. Todas as políticas de gestão de resíduos, onde estão elas? Qual é a sua utilidade? Que impactos criaram? A razão é que elas existem como se não existissem.

Redundância da investigação

Muitos esforços de investigação dos últimos tempos não prestam realmente atenção aos problemas no terreno. O síndroma da riqueza petrolífera dos investigadores nigerianos é uma consequência da degeneração recorrente dos interesses em questões de microescala. Muitos académicos acreditam que a investigação deve ser orientada por factores socioeconómicos e, por isso, os processos fenomenais que não se centram apenas na riqueza, mas na saúde, têm sido esquecidos nas preocupações da investigação. As actualizações da literatura sobre gestão de resíduos são insuficientes. Os institutos de investigação internacionais e nacionais, os centros ambientais, o Banco Mundial, as organizações das Nações Unidas (ONUDI, PNUD, PNUA e UNESCO) e as agências de desenvolvimento têm prestado pouca atenção ao desenvolvimento de bancos de investigação sobre a gestão de resíduos.

Custo dos métodos modernos de gestão de resíduos

Os países desenvolvidos do mundo estão mais avançados em termos de tecnologia de gestão de resíduos do que os países em desenvolvimento. Em termos tecnológicos e educativos, os países em desenvolvimento têm um longo caminho a percorrer, especialmente no domínio da gestão ambiental. O desvio de recursos tem impedido a aplicação de métodos científicos e de instrumentos de gestão de nível mundial na Nigéria. Em termos económicos, os países que investem numa gestão óptima dos resíduos atraem para si a riqueza e o desenvolvimento. No entanto, o custo técnico, o custo financeiro e as restrições tecnológicas têm impedido as pessoas dos países menos desenvolvidos de adoptarem técnicas adequadas de gestão dos seus resíduos.

ESTUDOS EMPÍRICOS SOBRE A VARIAÇÃO LOCAL DAS TAXAS DE ELIMINAÇÃO DE RESÍDUOS

Cada uma das comunidades foi delimitada em três centros onde estes resíduos eram gerados e também eliminados por elas. A análise de variância foi utilizada para calcular as diferenças entre as taxas de eliminação de resíduos sólidos urbanos e de resíduos sólidos urbanos por estes locais. As zonas rurais representaram 27,8% das taxas de deposição de resíduos pelos centros industriais, 36,7% das taxas de deposição de resíduos pelos centros domésticos e 35,6% pelos centros comerciais. Nas zonas urbanas, 35,3% dos resíduos foram depositados em centros industriais, 37,9% em centros domésticos e 26% em centros comerciais. Os centros industriais, que produzem resíduos perigosos e não perigosos, não se preocupam em depositar seus resíduos em locais apropriados, enquanto os centros comerciais não dão importância a isso na área urbana, pois priorizam a limpeza de suas residências. Por conseguinte, os resíduos domésticos representam a taxa de eliminação mais elevada nas zonas urbanas. Os feirantes e os comerciantes estão tão ocupados que não têm tempo suficiente para eliminar os seus resíduos. De facto, esta é uma das respostas durante a avaliação participativa local (APL). Os centros industriais das zonas rurais registaram o valor mais baixo, devido à sua menor preocupação em eliminar os resíduos em locais adequados. Utilizando o SPSS, o resultado do teste de variação entre as taxas de eliminação de resíduos urbanos e rurais a $p<0,05$ revelou que a diferença é significativa e que a diferença entre doméstico, comercial e industrial é significativa com um rácio F de 15 e $p<0,05$ (ver William, 2016).

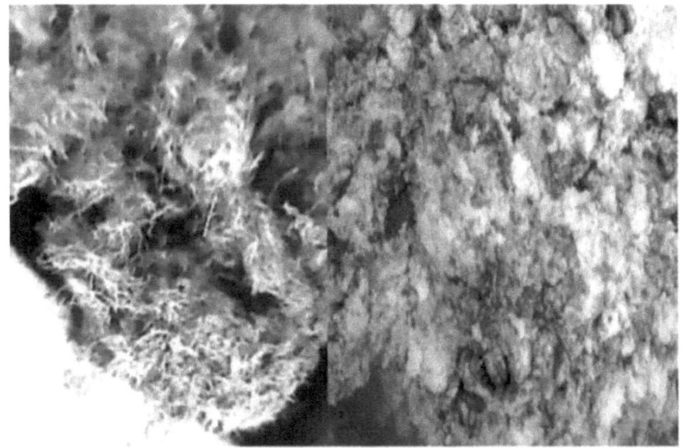

Placa 2.7 Pilhas de resíduos de mandioca e de óleo de palma nas fábricas de processamento rural

Uma visita aos moinhos de transformação expõe-nos a pilhas de resíduos produzidos ao longo do tempo, o que se torna incómodo para os habitantes. Os centros domésticos e comerciais nas zonas rurais eliminam frequentemente os resíduos para manterem os seus locais limpos, porque a maioria dos centros comerciais está situada nas residências da população rural.

CAPÍTULO 3

IMPACTO DA GESTÃO DE RESÍDUOS NO AMBIENTE E NA SAÚDE

Preâmbulo

O recente aumento do desenvolvimento das cidades e comunidades e o crescimento da população no mundo em desenvolvimento causaram uma eliminação extensiva de resíduos, o que é problemático para as componentes ambientais e sociais da sociedade. A gestão incorrecta dos resíduos sólidos urbanos e dos resíduos sólidos urbanos provoca todos os tipos de poluição: do ar, do solo e da água. A má gestão dos resíduos tem um enorme impacto na saúde, no ambiente local e global e na economia. A gestão incorrecta dos resíduos resulta geralmente em custos a jusante superiores aos que teria custado uma gestão adequada dos resíduos (Banco Mundial, 2012).

Os métodos tenazes de ADM na esfera rural e urbana não são objeto de debate e militam contra as componentes ambientais e sanitárias do homem. O ambiente é composto por constituintes atmosféricos, litosféricos e hidrosféricos que são moldados por fenómenos biológicos e pela interação humana. Ao longo dos anos, a SWM e a LWM têm influenciado todo o sistema, especialmente o ecossistema urbano, uma vez que a maioria dos resíduos é gerada e depositada no meio urbano. No entanto, os espaços rurais também se tornaram vítimas de problemas de gestão de resíduos, de tal forma que o declínio económico das áreas predispôs os residentes e os indivíduos expostos ao cenário a riscos para a saúde através do seu contacto com o ar, a terra, a água e os bio-componentes do ambiente.

Por conseguinte, estas zonas estão repletas de montanhas de lixo nos aterros sanitários e nas lixeiras a céu aberto, de águas estagnadas dominadas por moscas e que servem de viveiro a roedores e mosquitos portadores de doenças (UNhabitat, 2009), o que constitui uma das principais causas de poluição e degradação ambiental em muitas cidades do mundo em desenvolvimento (UNIDO, 2003). A má gestão dos resíduos coloca vários desafios ao bem-estar dos habitantes da cidade, em particular dos que vivem junto às lixeiras, devido ao potencial dos resíduos para poluir a água, as fontes de alimentação, a terra, o ar e a vegetação (Njoroge et al., 2007).

Efeitos ambientais e sanitários da gestão de resíduos sólidos

As depressões como vales, ravinas e terrenos escavados são locais de despejo de resíduos sólidos e aumentam a extensão da devastação nesses terrenos abertos com suscetibilidade de surto de desastre descontrolado. A gestão dos resíduos sólidos continua a ser um problema obstinado de saneamento ambiental na Nigéria e a principal causa de degradação ambiental e de problemas de saúde pública em muitos países em desenvolvimento, incluindo a Nigéria.

Em muitas lixeiras, os resíduos estão a aumentar diretamente a preocupação global com os impactos na saúde pública atribuídos à poluição ambiental, particularmente a qualidade ambiental e os riscos para a saúde humana associados às lixeiras. O tratamento e a eliminação dos resíduos sólidos constituem um problema ambiental importante em muitos centros urbanos da Nigéria (Amusan et al., 2005). Há muito que os residentes afirmam que qualquer forma de resíduo pode ser transformada em fertilizante se for objeto de compostagem e processamento adequados.

Sabe-se que os solos, a água e o ar das lixeiras contêm constituintes físico-químicos que têm impacto na qualidade ambiental. A descarga de resíduos sólidos sem uma separação adequada aumenta a concentração de metais pesados, como o arsénio (As), o cádmio (Cd), o crómio (Cr), o cobre (Cu), o chumbo (Pb), o mercúrio (Hg) e o zinco (Zn), e sabe-se que os metais pesados, quando presentes nos resíduos sólidos, produzem grandes impactos ambientais (Suman et al., 2011; Ebong et al., 2007). Os vectores de insectos e roedores são atraídos pelos resíduos e podem propagar doenças como a cólera e a febre de dengue.

Há uma série de riscos e impactos importantes das lixeiras no ambiente. Muito poucos aterros existentes nas comunidades nigerianas cumpriram os requisitos do Banco Mundial, do PNUA, da NAFDAC e da FEPA.

Efeitos ambientais atmosféricos e implicações associadas à saúde

Um dos principais problemas ambientais é a libertação de gás pelos resíduos em decomposição. O metano é um subproduto da respiração anaeróbia das bactérias, que se desenvolvem em aterros com grandes quantidades de humidade. As concentrações de metano podem atingir até 50% da composição do gás de aterro na decomposição anaeróbia máxima (Cointreau-Levine, 1997). A contribuição dos gases provenientes da eliminação de resíduos sólidos urbanos terá impulsionado o efeito de estufa e as alterações climáticas.

A poluição atmosférica causada pela queima a céu aberto devido à emissão de gases com efeito de estufa, a infestação de ratos e moscas e os efeitos incómodos são alguns dos impactos ambientais e sanitários da má gestão dos resíduos sólidos. Além disso, a dispersão dos resíduos pelo vento e a sua eliminação por aves, animais e recolhedores criam incómodos estéticos. O mau cheiro que emana devido à degradação dos resíduos na lixeira tem um efeito incómodo e diminui os valores económicos e sociais da localidade (Uwakwe, 2012).

Efeitos no solo e hidrológicos e impactos associados na saúde

O solo e o sistema de águas subterrâneas podem ser poluídos por instalações de eliminação de resíduos mal concebidas, fugas de tanques de armazenamento subterrâneos e resíduos agrícolas. A acidificação e a nitrificação do solo e das águas subterrâneas têm sido associadas às lixeiras (Bacud et al., 1994), bem como à contaminação microbiana do solo e do sistema de águas subterrâneas (Awomeso et al., 2010; Amadi et al., 2011). O cancro, as doenças cardíacas e as anomalias teratogénicas são atribuídos à poluição das águas subterrâneas através dos lixiviados das lixeiras. A poluição do solo por lixiviados provenientes das lixeiras municipais circundantes é reconhecida há muito tempo (Alloway et al., 1990; Amadi et al., 2010).

A maior parte das lixeiras abandonadas em muitas cidades e aldeias da Nigéria são consideradas como terrenos férteis para o cultivo de variedades de culturas. As plantas cultivadas absorvem os metais quer como iões móveis na solução do solo através das raízes (Davies, 1983) quer através da absorção foliar (Chapel, 1986; e Amusan et al., 2005). A absorção de metais pelas culturas resulta na bioacumulação destes elementos nos tecidos vegetais. Sabe-se que este fenómeno é influenciado pelas espécies de metais, pelas espécies vegetais e pela parte da planta (Juste e Mench, 1992). Os riscos para o ambiente e para a saúde resultantes do manuseamento incorreto dos resíduos sólidos e da interação com a água são arriscados e, na maioria das vezes, afectam os trabalhadores que trabalham com os resíduos e os residentes nas zonas poluídas. Os principais riscos para a saúde resultam da reprodução de vectores de doenças, principalmente moscas e ratos. Os resíduos perigosos não controlados das indústrias, misturados com os resíduos urbanos, danificam o solo e a água em redor do terreno e criam riscos potenciais para a saúde humana. Os acidentes de viação podem resultar do derrame de resíduos tóxicos. Os resíduos não recolhidos nos esgotos podem obstruir o escoamento das águas pluviais, dando origem a inundações. A maior parte das catástrofes causadas por inundações em zonas urbanas são atribuídas principalmente à poluição constante das redes de esgotos.

Impactos ambientais e sanitários da gestão de resíduos líquidos

Os resíduos líquidos contribuem maioritariamente para a poluição natural da água. Este é um grande desafio na gestão de resíduos líquidos e pode, consequentemente, introduzir uma vasta gama de poluentes e contaminantes microbianos nas fontes de água, como a poluição das águas subterrâneas em poços e furos. Assim, os resultados são impactos ambientais negativos e um risco acrescido para a saúde dos associados e residentes da WM. Os resíduos líquidos criam locais de reprodução para mosquitos, moscas domésticas, roedores e outros vectores de doenças transmissíveis, especialmente em comunidades nigerianas como Abak, Uyo, Lagos, Keffi, Benin, Port Harcourt, Warri, Asaba, etc. Os resíduos líquidos propagam as doenças muito rapidamente e o seu impacto é enorme.

A gestão de águas residuais é pouco praticada na Nigéria e na maioria dos outros países em desenvolvimento. A qualidade dos esgotos das águas residuais é uma das principais causas de degradação das massas de água receptoras, tais como rios, lagos, ribeiros, etc. Os perigos para a saúde dos resíduos líquidos poluídos na qualidade das massas de água receptoras são muitos, dependendo do volume dos esgotos, bem como da composição microbiológica, física e química do fluxo de esgotos. Depende também do tipo de descarga, como a quantidade de sólidos em suspensão ou de poluentes perigosos como metais pesados ou matéria orgânica (Owuli, 2003).

O contacto com a água degradada durante as actividades recreativas e as funções económicas e sociais causa uma maior suscetibilidade a infecções. O impacto dessa degradação pode resultar em alterações físicas das águas receptoras, na libertação de substâncias tóxicas, na diminuição dos níveis de oxigénio dissolvido, no aumento das cargas de nutrientes e na bioacumulação na vida aquática (Environmental Canada, 1997). A crescente libertação de águas residuais domésticas contendo substâncias perigosas e a falta de meios financeiros adequados para o tratamento podem provavelmente causar um aumento da incidência de doenças transmitidas pela água, bem como uma degradação mais rápida do ambiente. Os resíduos líquidos, na maior parte das vezes, formam poças estagnadas na vizinhança, uma vez que os canais de drenagem são, na sua maioria, inexistentes ou estão bloqueados.

As águas residuais mal drenadas podem acumular-se no sopé dos edifícios, geralmente ao longo das linhas de vedação, das estruturas dos edifícios e das fundações, provocando fissuras e, eventualmente, o colapso da estrutura. Os riscos mais comuns para a saúde associados às águas residuais incluem doenças causadas por vírus, bactérias e protozoários que podem ser arrastados para o abastecimento de água potável ou para as massas de água receptoras (Kris, 2007). Os agentes patogénicos microbianos foram identificados como factores críticos que contribuem para numerosos surtos de doenças transmitidas pela água. Muitos destes agentes patogénicos encontrados nas águas residuais podem causar doenças crónicas com efeitos a longo prazo na saúde, tais como úlceras gástricas e doenças cardíacas degenerativas. A deteção e identificação dos diferentes tipos de agentes patogénicos microbianos nas águas residuais domésticas são sempre difíceis, dispendiosas e demoradas. Para ultrapassar este problema, são normalmente utilizados organismos indicadores para determinar o risco da possível presença de um determinado agente patogénico nas águas residuais (Paillard et al., 2005).

A exposição crónica às toxinas produzidas por estes organismos pode levar a problemas de saúde como danos no fígado, gastro-enterite, irritação da pele, perturbações do sistema nervoso e cancro do fígado em animais (Eynard et al., 2000). De acordo com Toze (1997) e Okoh et al., 2007, os vírus são considerados como estando entre os poluentes mais importantes e potencialmente mais perigosos nas águas residuais domésticas. Descobriram que são geralmente mais resistentes ao tratamento, mais infecciosos, mais difíceis de detetar e requerem doses mais pequenas para causar infecções. As bactérias são também um dos poluentes microbianos mais comuns nas águas residuais.

Frequentemente, os rios actuam como condutas para os poluentes, recolhendo e transportando as águas residuais das bacias hidrográficas e descarregando-as no oceano, e as águas pluviais, que também podem ser ricas em nutrientes, matéria orgânica e poluentes, chegam aos rios, lagos e outras massas de água. As águas descarregadas nos cursos de água poluem as águas superficiais, tornando-se perigosas para a biodiversidade marinha, o que afectaria relativamente o homem, o consumidor, uma vez que as toxinas seriam injectadas nas espécies faunísticas e florísticas das massas de água.

Após a chuva, os resíduos de água que escorrem das estradas e das sarjetas cheias de resíduos sólidos para os cursos de água e também a recarga do poço artesiano com água poluída têm causado problemas crescentes de LW. Quanto mais os resíduos são gerados, mais mal dispostos e mais a área fica suscetível a riscos para a saúde e o ambiente.

Quadro 3.1 Poluição atmosférica por contaminantes de resíduos sólidos

AVALIAÇÃO DA QUALIDADE DO AR EM ATERROS DE RESÍDUOS

Dióxido de azoto

Os óxidos de azoto são normalmente formados na combustão a altas temperaturas, por exemplo, em flares, na combustão industrial e nos motores de veículos. O óxido nítrico e o dióxido de azoto são os dois principais óxidos de interesse. O NO2 é facilmente formado pela oxidação parcial do azoto e é normalmente emitido no tubo de escape dos veículos a motor e no coletor do equipamento de produção de energia, onde ocorre uma rápida oxidação em NO2. O NO2 pode também ser gerado pela oxidação do azoto a altas temperaturas. Trata-se de um gás ácido. A concentração de NO2 em todos os pontos de amostragem foi de 0,1ppm-0,2ppm, um pouco acima do limite do Ministério Federal do Ambiente de 0,1ppm e do limite da OMS de 0,04-0,06. A exposição contínua a concentrações de NO_2 causa doenças respiratórias e vulnerabilidade à contaminação bacteriana no homem (William & William, 2016).

Dióxido de Enxofre e Sulfureto de Hidrogénio

O dióxido de enxofre (SO_2) é um dos principais poluentes atmosféricos utilizados na descarga de gases de combustão provenientes da queima de resíduos sólidos e na dispersão pelo vento e emissão de resíduos inorgânicos. A exposição ao SO_2 em concentrações mais elevadas pode estimular a broncoconstrição (como na asma) e a secreção de muco, bem como irritar os olhos no homem (ACGIH, 1995). A exposição a longo prazo a concentrações mais baixas pode resultar em morte por doenças cardíacas e/ou respiratórias e aumentar a prevalência de sintomas relacionados. Os gases são corrosivos e não corroem apenas os metais, mas também o cimento, como estátuas, casas e pinturas. Quando em contacto com estes materiais, desgastam-nos, desfigurando-os para além do reconhecimento ou até ao ponto de os eliminar. Também são capazes de branquear materiais pintados e tingidos.

A concentração de SO_2 nas lixeiras variou de 1,0ppm-4,0ppm com a média de 2,73 e $H_2 S$ foi de 0,1-

0,5. Estes valores de SO_2 excederam o limite do Ministério Federal do Ambiente de 0,01 a 0,04 ppm e o limite da Organização Mundial de Saúde de 0,1. Esses níveis de concentração sugerem que o descarte indiscriminado de resíduos leva à emissão de SO_2 e H_2 A areia é perigosa para o meio ambiente (William, 2017).

Monóxido de carbono

O monóxido de carbono é emitido pelos produtos residuais soprados pelo vento para a atmosfera. As principais fontes de emissões antropogénicas são os processos tecnológicos e a combustão doméstica de resíduos sólidos. O CO medido nas zonas de descarga de resíduos varia entre 8,5 ppm-14,4ppm com um valor médio de 11,24ppm.

Muitos residentes ou indivíduos expostos aos gases estão expostos a doenças cardiovasculares e problemas respiratórios. Em concentrações mais baixas, o CO sobrecarrega o coração e provoca náuseas, fadiga, tonturas e reduz a sensibilidade visual no escuro (Udosen, 2016). Os valores no local 2 e 3 aumentaram em concentração do que os padrões de CO aprovados pela OMS.

Amoníaco - NH_3

A concentração na área do projeto varia entre 5-11ppm com uma média de 7,75ppm. As principais fontes de amoníaco incluem a decomposição anaeróbica de matéria orgânica, animais e seus resíduos, queima de biomassa, formação de húmus no solo, aplicação de NH anidro$_3$ em terras agrícolas e emissões industriais. O amoníaco reage rapidamente com ácidos fortes como H_2 SO_4 e HNO_3 para produzir sais de amónio. Assim, o NH_3 desempenha um papel importante na remoção de SO_2 e NO_2 da atmosfera. Pode também causar asma brônquica no homem. Os níveis de amoníaco estavam acima dos limites da OMS de 2ppm.

Cianeto de hidrogénio (HCN) e cloro (CI_2).

O cianeto de hidrogénio (HCN) ocorre na atmosfera em baixos níveis de fundo. Reage de forma relativamente lenta com o OH, pelo que pouco se sabe sobre a sua atividade atmosférica. química. A concentração destes gases variou entre 1,0ppm-3,75ppm com uma média de 2,06ppm.

Total de partículas em suspensão (TPM).

A concentração de TPM registada nas lixeiras variou entre 5,59 ppm e 9,56 ppm, com uma média de 7,46 ppm. As potenciais fontes antropogénicas de TPM nas lixeiras incluem a acumulação de resíduos sólidos. Sabe-se que concentrações elevadas de TPM irritam as membranas mucosas, agravando assim as doenças respiratórias e cardiovasculares. A inalação prolongada e excessiva de partículas finas pode causar cancro e agravar a morbilidade e a mortalidade por disfunções respiratórias (CCDI 2001). As MPT podem também causar danos nos materiais através da corrosão de metais (a uma humidade relativa superior a 75%) e da descoloração/destruição de superfícies pintadas. Pode também constituir um incómodo ao interferir com a luz solar e ao atuar como superfície catalítica para a reação de produtos químicos absorvidos (Peavey et al 1985). Pode também bloquear as aberturas dos estomas e reduzir a fotossíntese. Isto pode levar à redução da produção de alimentos vegetais, o que afecta não só os animais como o homem.

ANÁLISE DAS PROPRIEDADES FÍSICO-QUÍMICAS DO SOLO NUMA ZONA DE DESCARGA DE RESÍDUOS

Os solos das lixeiras tinham um teor básico, o que mostrava que não eram muito bons para muitas culturas económicas. A presença de azoto foi atribuída principalmente à abundância de resíduos orgânicos e às bactérias nitrificantes adicionadas para melhorar a qualidade do solo. O teor de matéria orgânica afecta o teor de azoto do solo, como se verificou nos solos das amostras A, B, C e D.

O elevado valor de cálcio dos solos na área de estudo deve-se ao elevado teor de óxido de cálcio (CaO) dos materiais de origem (William, 2016 b). Os baixos valores de sódio na área são atribuídos à textura do curso destes solos que permite a lixiviação extensiva do excesso de sais solúveis (Egbuchua, 2012). Por outro lado, Edem et,al, 2012 referiu que um baixo teor de Na é adequado para as plantas, ao passo que um teor elevado de Na pode destruir a estrutura do solo e pode ser perigoso para as plantas. Os valores médios de potássio permutável nos solos das lixeiras estavam acima do limite crítico de 0,2 cmol/kg, considerado inadequado para a maioria das culturas agrícolas. O magnésio inferior a 1,5 cmol/kg é considerado um nível crítico para um solo fértil (Udo, 2007). Nos solos das lixeiras, os valores excederam o limite crítico e são prejudiciais para as culturas e o ambiente.

Com a distância das lixeiras, o teor de metais pesados e as propriedades nutritivas do solo diminuíram progressivamente. A instabilidade na composição dos nutrientes no solo é atribuída à concentração de elementos em excesso no solo que são necessários nas suas baixas proporções, suficientes para a produção agrícola. A aptidão do solo para a produção de culturas é então ameaçada pela gestão indiscriminada dos resíduos e pela acumulação indesejada de partículas elementares nos solos para satisfazer as necessidades de produção. **ANÁLISE FÍSICO-QUÍMICA DE ÁGUAS SUPERFICIAIS POLUÍDAS**

O pH e a temperatura estavam nos limites médios recomendados pela Organização Mundial de Saúde (OMS) e pelo Ministério Federal do Ambiente (FMENV) de 6,5-6,8 e 5-50^0 c, respetivamente. Os sólidos suspensos totais, os sólidos dissolvidos totais, a carência bioquímica de oxigénio (CBO), o nitrito, o nitrato, o fosfato, o cálcio, o potássio, o sódio, a dureza total, o cobre, o zinco, o crómio, o cádmio, o níquel e o chumbo não excederam os limites da FMENV e da OMS. Os valores de turvação foram superiores aos limites da FMENV e da OMS de <1,5 e <5 mg/l. O magnésio excedeu os limites da FMENV em 0,2mg/l. O oxigénio dissolvido apresentou valores mais elevados do que o valor recomendado pela FMENV e pela OMS de 5mg/l. Os valores de sulfureto excederam as normas da OMS e da FMENV de 0,2mg/l. Os valores de ferro e manganês excederam os valores limite de <0,1 e <0,05 da OMS e FMENV. O DO elevado representa um perigo para os sistemas de suporte de vida. Os excessos de sulfureto têm um efeito cártico no canal alimentar humano, provocando diarreia. O valor elevado de sólidos suspensos totais numa das amostras localizadas na área urbana foi causado pela concentração de materiais sólidos na água. A concentração de magnésio afecta o sabor, tornando a água (ver apêndice para dados sobre as propriedades físico-químicas da água poluída do ribeiro após William, 2017).

ANÁLISE FÍSICO-QUÍMICA DA QUALIDADE DAS
ÁGUAS SUBTERRÂNEAS POLUÍDAS

As características físico-químicas das amostras de água subterrânea e a concentração de metais pesados das amostras de água subterrânea constam dos quadros do anexo. Os níveis de nitritos em todas as amostras de águas subterrâneas poluídas eram geralmente baixos (média de 0,51mg/l) quando comparados com os das águas superficiais e com a norma da OMS. As medições de D.O. eram elevadas, o que significa que suportavam a vida e variavam entre 7,5 e 8,0. No entanto, com base no limite da OMS de 5,0mg/l, não se pode dizer que estas águas sejam potáveis e boas para beber. As águas subterrâneas também não poderiam ser classificadas como puras devido aos valores igualmente elevados de CBO da referida água. (0,96mg/l quando comparado com o limite da OMS de 1,00mg/l). Os níveis de SO 2_4^- de 3,6mg/l, 4,9mg/l e 1,0mg/l registados para a amostra de água subterrânea são bastante inferiores aos limites da FMENV/DPR e da OMS de 150-200mg/l. Os valores são igualmente inferiores a 1,0 e 2,0mg/l, que normalmente têm um efeito cártico nos seres humanos e, por isso, não se pode dizer que apresentem qualquer problema de saúde aquando do consumo.

A concentração de nitrato (NO_3^-) na amostra de água do furo foi bastante baixa (0,9mg/l). Não se pode dizer que esta concentração represente qualquer poluição, uma vez que o valor se situa abaixo do intervalo da OMS de 10,00 - 500,00mg/l. A amostra de água do furo apresenta valores médios de K, Na e Ca de 0,39, 4,99 e 0,26mg/l, respetivamente. Estes valores são, em certa medida, comparáveis com os valores de algumas amostras de águas superficiais do local do projeto. No entanto, estes valores eram inferiores aos limites da FMENV/DPR e da OMS. A temperatura média das amostras de água do furo foi de 28,7⁰ c. Este valor não excede o intervalo da OMS e da FMENV de 25.0⁰ c - 35.0⁰ c. Foi registado um pH médio de 7,5, o que se enquadra no intervalo de 6,50 - 8,50 da OMS e da FMENV/DPR. A condutividade da água estava na faixa de 24.1μscm^{-1} a 25.3μscm^{-1} com uma média de 23.1μscm^{-1} . Isto é, no entanto, abaixo do estipulado pela OMS 4000μscm^{-1} . Os valores da água subterrânea eram menos turvos quando comparados com a maioria das amostras de águas superficiais e muito inferiores ao intervalo de 5,0 - 10,00FTU da OMS e FMENV/DPR. A água pode ser considerada mais potável do que as águas superficiais quando se considera a turvação como um indicador de poluição. Os níveis de PO_4^{3-} da amostra de água subterrânea eram muito mais baixos do que o padrão FMENV/DPR e OMS de 5.0mg/l. Estes baixos níveis de PO_4^{3-} explicam os elevados valores de DO registados nas amostras de água do furo. Os teores de TSS (0,1 - 0,9mg/l; média=0,08mg/l e CV de 5,75%) foram baixos quando comparados com os de Sólidos dissolvidos totais (TDS), com valores de 9,2-11mg/l, com média de 10,2mg/l e CV de 7,42%, não excedendo os limites da OMS. Todos os metais analisados apresentaram concentrações baixas em comparação com as das águas superficiais correspondentes e com as normas da OMS. Por conseguinte, pode dizer-se que as concentrações de metais nas águas subterrâneas não podem causar problemas de poluição.

AVALIAÇÃO DOS RISCOS PARA A SAÚDE DAS ACTIVIDADES DE GESTÃO DE RESÍDUOS

Existem riscos potenciais para o ambiente e para a saúde decorrentes do manuseamento incorreto dos resíduos sólidos. Os principais riscos para a saúde são indirectos e resultam da reprodução de vectores de doenças, principalmente moscas e ratos. Os resíduos perigosos não controlados das indústrias que se misturam com os resíduos urbanos criam riscos potenciais para a saúde humana. Os acidentes de viação podem resultar do derrame de resíduos tóxicos. A concentração de metais pesados na cadeia alimentar cria um problema que mostra a relação entre os resíduos sólidos e os efluentes industriais líquidos contendo metais pesados descarregados numa rede de esgotos ou em locais de descarga de resíduos sólidos a céu aberto e os resíduos descarregados, mantendo assim uma sequência venenosa de problemas.

O envenenamento químico por inalação de produtos químicos e os resíduos não recolhidos podem obstruir o escoamento das águas pluviais, dando origem a inundações. A poluição causada pela gestão incorrecta dos resíduos pode provocar baixo peso à nascença, cancro, malformações genéticas, doenças neurológicas, náuseas e vómitos. O consumo de cursos de água poluídos provoca a toxicidade do mercúrio devido à ingestão de peixe com níveis elevados de mercúrio. Os componentes bióticos morrem devido aos poluentes do ambiente, quer por inalação quer por consumo de materiais contaminados. Os registos dos hospitais revelaram que o VIH/SIDA também é altamente transmitido por via não sexual através do contacto com substâncias perigosas como agulhas, lâminas, seringas não esterilizadas, etc. É por isso que o manuseamento incorreto dos resíduos por qualquer organização, incluindo a médica, também afecta a saúde humana.

A ingestão de água poluída provoca doenças e, sobretudo nesta zona, onde prosperam pragas como mosquitos, baratas, etc., a água estagnada atrai a prevalência de doenças associadas aos seus vectores. Muitos residentes são vítimas destes problemas e muitas vezes levam à morte na zona. As infecções causadas pela poluição da água são a diarreia, a disenteria, a cólera, o paludismo, a cegueira dos rios, as erupções cutâneas, a sarna, o tracoma, etc. Estas infecções propagam-se através do abastecimento de água, do consumo, dos hospedeiros invertebrados aquáticos e da falta de água para fins higiénicos. As crianças, os adultos e os jovens estão expostos aos riscos para a saúde decorrentes destas infecções e a incapacidade de as controlar pode levar a problemas de saúde mais complicados.

CASOS DE DOENÇAS ASSOCIADAS À ELIMINAÇÃO DE RESÍDUOS/ POLUIÇÃO AMBIENTAL

Fig. 3.1. Pobreza rural e doenças relacionadas com a poluição ambiental

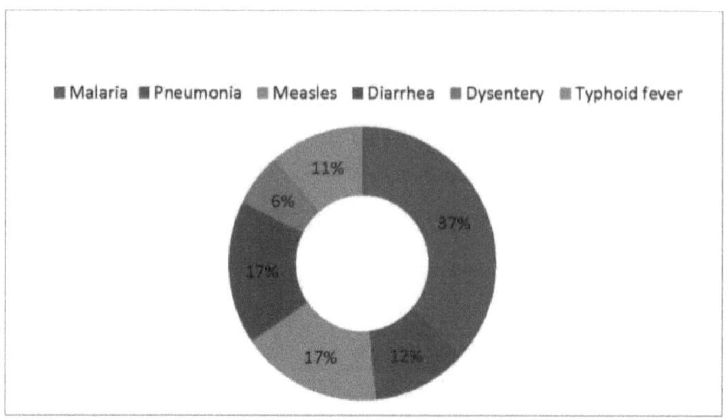

Fonte: Centro Rural de Cuidados de Saúde Primários (CSP), 2017 (Otoro-Abak)

Fig 3.2 WM pobres urbanos e doenças relacionadas com a poluição ambiental

Fonte: Centro Rural de Cuidados de Saúde Primários (PHC), 2017 (Policlínica/MCH, Abak)

AVALIAÇÃO DAS DOENÇAS RELACIONADAS COM A GESTÃO DE RESÍDUOS COM BASE NO GÉNERO/IDADE

Uma investigação aprofundada e uma avaliação local participativa com enfermeiros de ambos os hospitais, bem como com residentes da zona, revelaram que a população que visita estes centros de saúde por causa de casos de doença relacionados com a gestão indiscriminada de resíduos é constituída por homens e mulheres.

Esta população é composta por crianças, jovens e adultos. As crianças foram responsáveis pelo maior número de chamadas, especialmente os bebés entre 1 e 8 anos de idade. A razão para este facto é que os níveis de perceção das crianças são muito baixos em comparação com os dos adultos e jovens. No entanto, devem existir estruturas no terreno para formar as crianças desde o ensino primário, para que tenham uma melhor consciência da gestão dos resíduos. Por outro lado, o facto de as mulheres representarem uma percentagem mais elevada de visitas deve-se à sua exposição aos resíduos nos diferentes agregados familiares. Os resíduos domésticos representaram a maior percentagem de produção e eliminação de resíduos.

CAPÍTULO 4

QUADRO JURÍDICO DA GESTÃO DE RESÍDUOS

O que é o Direito do Ambiente?

O tema do direito do ambiente veio para ficar nas disciplinas das ciências sociais e da gestão ambiental. O direito do ambiente é constituído por leis extraídas de várias fontes, incluindo a legislação ambiental, os delitos de incómodo, negligência, transgressão e a regra. A legislação para a proteção e o desenvolvimento do ambiente nigeriano é a Lei Federal de Proteção do Ambiente (FEPA) de 1990, bem como disposições de legislação secundária, incluindo: leis dos governos federal, estatal e local; regulamentos elaborados pelas agências ambientais dos governos federal, estatal e local; o direito comum; a Constituição nigeriana; o quadro regulamentar dos Ministérios do Ambiente, do Território e das Obras Públicas, por exemplo, notas de orientação sobre a política de planeamento, circulares governamentais; códigos de práticas; e tratados, convenções e protocolos internacionais.

A base da política ambiental na Nigéria está contida na Constituição da República Federal da Nigéria de 1999. De acordo com a secção 20 da Constituição, o governo federal tem poderes para proteger e melhorar o ambiente e salvaguardar a água, o ar e a terra, as florestas e a vida selvagem da Nigéria. O governo federal da Nigéria promulgou várias leis e regulamentos para salvaguardar o ambiente nigeriano. O Ministério Federal do Ambiente (FME) administra e aplica a legislação ambiental na Nigéria. A Lei da Agência Federal de Proteção do Ambiente, Cap. 131 L.F.N 1990 criou a Agência Federal de Proteção do Ambiente (FEPA), responsável pela proteção e desenvolvimento do ambiente em geral e da tecnologia ambiental, e tem poderes para estabelecer critérios, orientações, especificações, normas, procedimentos e processos ambientais em matéria de proteção do ambiente, bem como para aplicar a lei e a legislação ambiental em geral.

A importância do direito do ambiente reside no facto de regular a responsabilidade por danos causados ao ambiente. A responsabilidade é capaz de promover o cumprimento da legislação devido aos efeitos dissuasores sobre os poluidores no que se refere aos danos a pagar, e através da conformidade com as normas impostas aos poluidores como requisito para o seguro. A extensão da responsabilidade deve ser proporcional aos danos causados ao ecossistema. Um facto importante é que a responsabilidade por culpa deve ser o princípio da responsabilidade por danos ambientais, mas quando se trata de actividades ultra-perigosas que envolvem modificações climáticas ou meteorológicas em mega-escala, a responsabilidade absoluta deve constituir o princípio da responsabilidade. A intrincada base jurídica para o pagamento destinado a manter o ambiente limpo deve também incluir uma consideração da relação entre o instrumento jurídico e a natureza da sociedade em que a lei irá funcionar; caso contrário, a lei pode não atingir os seus objectivos (Ukpong, 2009).

Decreto de Avaliação de Impacto Ambiental nº 85 de 1992.

O decreto exige que os proponentes de projectos de desenvolvimento avaliem o impacto de tais projectos no ambiente, concebendo medidas de atenuação que possam ser necessárias e que se abstenham de executar tais projectos, a menos que a FEPA esteja convencida de que tal impacto é negligenciável ou que foram iniciadas medidas adequadas para atenuar os danos ao ambiente. O objetivo da Lei AIA é estabelecer, antes de uma decisão tomada por qualquer pessoa, autoridade, organismo corporativo ou organismo não incorporado, incluindo o Governo da Federação, o Governo estadual ou local que pretenda empreender ou autorizar a realização de qualquer atividade que possa afetar o ambiente de forma provável ou significativa. Tais actividades incluem a eliminação de resíduos sólidos no ambiente.

Gestão de resíduos na legislação ambiental

A gestão de resíduos é uma das leis ambientais que procura assegurar o tratamento correto dos resíduos em qualquer sociedade. A legislação ambiental nigeriana tem várias componentes da lei de gestão de resíduos que abrangem diferentes geradores de resíduos. Os Estados e os governos locais criaram políticas para resolver os problemas de gestão de resíduos e garantir um ambiente limpo. Estes regulamentos tornaram obrigatória a instalação, no início das operações, de equipamento de desintoxicação de efluentes e descargas químicas por parte das organizações que produzem resíduos. As indústrias foram classificadas e foram indicados os parâmetros cruciais e os seus limites nas emissões de efluentes, bem como as sanções em caso de infração.

Os Regulamentos Ambientais Nacionais de 2009 forneceram o quadro jurídico para a adoção de práticas sustentáveis e amigas do ambiente no saneamento ambiental e na gestão de resíduos para minimizar a poluição. As publicações do Governo Federal sobre a gestão de resíduos e as directrizes da política de saneamento abrangem as Directrizes da Política Nacional de Gestão de Resíduos Sólidos; as Directrizes da Política Nacional de Inspeção Sanitária de Instalações; e a Política Nacional de Saneamento Ambiental. A primeira visa "melhorar e salvaguardar a saúde pública e o bem-estar através de métodos eficientes de gestão de resíduos sólidos sanitários que sejam económicos, sustentáveis e garantam uma boa saúde ambiental". As Directrizes da Política Nacional de Inspeção Sanitária de Instalações visam promover um ambiente limpo e saudável para a população; enquanto a Política Nacional de Saneamento Ambiental visa "estimular, promover e reforçar todos os regulamentos governamentais relacionados com a habitação e o desenvolvimento urbano, doenças endémicas e doenças relacionadas com o saneamento e educação ambiental () .

Regulamentos NEP (Despoluição de indústrias e instalações geradoras de resíduos)

São impostas restrições à libertação de substâncias tóxicas e à exigência de um controlo estipulado da poluição para garantir que os limites permitidos não sejam excedidos; descargas invulgares e acidentais; planos de emergência; responsabilidades do produtor; estratégias de redução de resíduos e segurança para os trabalhadores.

Lei dos Resíduos Nocivos (1988)

A Lei dos Resíduos Nocivos define "resíduos nocivos" como "qualquer substância radioactiva nociva, venenosa, tóxica ou emissora de resíduos, se os resíduos se encontrarem em quantidade tal, juntamente com qualquer outra remessa da mesma substância ou de substância diferente, que sujeite qualquer pessoa ao risco de morte, lesão fatal ou deficiência incurável da saúde física e mental; e o facto de os resíduos nocivos serem colocados num contentor não deve, por si só, ser considerado como excluindo qualquer risco que se possa esperar que surja dos resíduos nocivos". A Lei dos Resíduos Nocivos de 1988 proíbe e declara ilegais todas as actividades relacionadas com a compra, venda, importação, transporte, depósito ou armazenamento de resíduos nocivos.

Regulamentos sobre a gestão de resíduos sólidos e perigosos S.15 de 1991.

Abrange: listagem exaustiva dos resíduos perigosos e potencialmente perigosos; planos de emergência e procedimentos de emergência; prescrição de directrizes para a proteção das águas subterrâneas; programa de rastreio de resíduos tóxicos e tecnologias ambientalmente correctas para a eliminação de resíduos. Estas regulamentam a recolha, o tratamento e a eliminação de resíduos sólidos e perigosos de origem municipal e industrial e fornecem uma lista exaustiva de produtos químicos e resíduos químicos por categorias de toxicidade.

Disposições penais especiais sobre resíduos nocivos, etc. Lei Cap 165 LFN 1990.

A lei considera uma infração transportar, depositar, despejar e estar na posse de resíduos nocivos em qualquer parte do solo, das águas interiores e do mar da Nigéria, incluindo a ZEE. O decreto proíbe o transporte, o depósito e o despejo de resíduos nocivos em qualquer terra, águas territoriais, zona contagiosa, Zona Económica Exclusiva da Nigéria ou nas suas vias navegáveis interiores e prescreve sanções severas para qualquer pessoa considerada culpada de qualquer crime relacionado com o mesmo.

Lei da Agência Nacional de Execução das Normas e Regulamentos Ambientais de 2007 (Lei NESREA)

Após a revogação da Lei Federal de Proteção do Ambiente de 1988, a Lei NESREA de 2007 tornou-se o principal regulamento ou instrumento legal que orienta as questões ambientais na Nigéria. Prevê especialmente a gestão dos resíduos sólidos e a sua administração e prescreve sanções para as infracções ou actos contrários aos procedimentos e práticas correctos e adequados de eliminação de resíduos.

Regulamentos nacionais de proteção do ambiente (redução da poluição em indústrias e instalações que produzem resíduos) S49 de 1991 L.F.N.

Estes regulamentos proíbem o manuseamento não autorizado de resíduos tóxicos, a descarga de efluentes, resíduos sólidos industriais, etc., em esgotos, massas de água, aterros municipais, etc. Exigem que as indústrias instalem dispositivos de monitorização da poluição com vista a elaborar relatórios regulares sobre descargas intencionais e acidentais de resíduos sólidos, gasosos ou líquidos e também autorizam a FEPA a exigir que as indústrias existentes realizem auditorias ambientais (ou E.I.A, para novos projectos) ou a impedir o arranque de qualquer indústria ou instalação que constitua uma nova fonte de poluição.

Regulamento Nacional do Ambiente (Saneamento e Controlo de Resíduos), 2009

Este regulamento, promulgado em 2009, prevê, entre outras coisas, disposições adequadas para o controlo dos resíduos e o saneamento ambiental, incluindo punições em caso de infracções.

As directrizes e normas nacionais para o controlo da poluição ambiental na Nigéria.

Foi lançado em 12 de março de 1991 e constitui o instrumento de base para a monitorização e o controlo da poluição industrial e urbana.

Regulamentos de Proteção do Ambiente Natural (Limitação de Efluentes), 5.4.8. 1991.

Os regulamentos estabelecem parâmetros admissíveis para as águas residuais de várias indústrias e impõem-lhes a obrigação de tratar os efluentes a níveis especificados, de instalar equipamento antipoluição, de controlar a sua conformidade com os regulamentos e de apresentar relatórios regulares à FEPA.

Decreto sobre os recursos hídricos nº 101 de 1993.

Com este decreto, o direito de utilização e controlo de todas as águas superficiais e subterrâneas e de todas as águas de qualquer curso de água que afecte mais do que um Estado, juntamente com os leitos e as margens, foi atribuído ao governo da federação para efeitos de planeamento, desenvolvimento e utilização, gestão e administração coordenadas dos recursos hídricos, proteção da pesca, da flora e da fauna e garantia de que a avaliação dos impactos ambientais dos projectos relacionados com os recursos hídricos é realizada antes da aprovação.

Lei de 2005 da Agência Nacional de Deteção e Resposta a Derrames de Petróleo (NOSDRA ACT)

Este regulamento estatutário estabelece regras adequadas sobre os resíduos provenientes da produção e exploração de petróleo e as suas potenciais consequências para o ambiente.

Autorização da legislação

A Lei FEPA autoriza o Ministério Federal do Ambiente (FMENV) a inspecionar qualquer licença ou autorização concedida a qualquer pessoa, a entrar e revistar qualquer terreno ou edifício e a prender qualquer pessoa que viole qualquer regulamento ambiental, incluindo a própria Lei. A Lei FEPA também confere aos funcionários autorizados da FMENV autoridade para entrar e revistar qualquer veículo, tenda, navio ou embarcação flutuante; e apreender qualquer artigo ou substância utilizada em violação da Lei.

A Lei de Avaliação do Impacto Ambiental de 1992 contém um resumo do programa de actividades e indústrias para as quais são obrigatórias avaliações de impacto ambiental, incluindo avaliações para a indústria de "Tratamento e Eliminação de Resíduos". Qualquer pessoa que não cumpra as disposições da lei relativa à avaliação do impacto ambiental comete uma infração e é passível, em caso de condenação, de uma multa ou de uma pena de prisão até cinco anos, em conformidade com os acordos FEPA.

A Lei FEPA prevê igualmente que, em caso de descarga de qualquer substância perigosa em violação das leis/permissões ambientais, a pessoa ou organização responsável pela descarga é responsável pelos custos de remoção e limpeza. Essa pessoa ou organização pode, em caso de condenação, ser sujeita a uma coima e/ou a uma pena de prisão até dez anos. A Lei dos Resíduos Nocivos prevê que qualquer pessoa considerada culpada de compra, venda, importação, transporte, depósito ou armazenamento de resíduos nocivos será, em caso de condenação, condenada a prisão perpétua.

CAPÍTULO 5

PERSPECTIVAS FILOSÓFICAS DA GESTÃO DE RESÍDUOS

Ao longo dos anos, surgiram visões racionais nos estudos de gestão de resíduos de diferentes escolas em todo o mundo, tentando fornecer uma compreensão teórica dos processos e actividades de gestão de resíduos. Este trabalho deu ênfase ao seguinte:

A. Abordagem sistémica
B. Abordagem integrada
C. Relação entre resíduos e riqueza

ABORDAGEM SISTÉMICA

O sistema é um todo funcional com vários subsistemas interligados entre si. Por outras palavras, é "a forma, a sequência em que os vários componentes ou fenómenos se organizam num todo, numa totalidade". Existe toda uma gama de sistemas, desde os microscópicos aos micro, meso e macro sistemas.

O ambiente de um sistema é o conjunto do qual o sistema é apenas uma parte. Por exemplo, os resíduos constituem o ambiente da biosfera onde as actividades humanas e os fenómenos biológicos interagem para influenciar e ser influenciados por vários processos. As alterações no ambiente provocam alterações directas nos valores dos elementos contidos no sistema em análise. O ambiente muda de sistema para sistema, mesmo no mesmo tempo, porque não é o tempo que é mais considerado aqui, mas sim a forma ou o modo como os elementos (relevantes) estão combinados e a funcionar em conjunto. Esta abordagem flexível do conceito de ambiente na análise de sistemas é particularmente útil para a gestão ambiental, uma vez que tem feito um uso considerável da noção de ambiente.

ANÁLISE DE SISTEMAS DE GESTÃO DE RESÍDUOS

Há uma procura crescente de sistemas de gestão de resíduos que funcionem de uma forma sustentável do ponto de vista ambiental e económico. Tem havido uma mudança para uma abordagem holística dos sistemas de avaliação destas opções de gestão em termos de méritos e deméritos dos diferentes tipos. Entre a lista de conceitos e ferramentas utilizados na abordagem de análise de sistemas para a gestão de resíduos encontram-se a Análise do Ciclo de Vida (ACV) e a Análise do Fluxo de Substâncias (AFS).

Análise do ciclo de vida (LCA)

A ACV é uma ferramenta de gestão ambiental emergente que permite prever os aspectos ambientais e os impactos potenciais associados a um produto ou serviço ao longo de todo o ciclo de vida, desde a aquisição de matérias-primas, passando pela produção, utilização e eliminação, ou seja, do "berço ao túmulo" (ISO, 1997(E)).

Uma avaliação do ciclo de vida inclui quatro fases:

1. Definição do objetivo e do âmbito: Define tanto o objetivo da realização da análise como o seu âmbito para

garantir uma interpretação válida dos resultados da ACV.

2. Análise de inventário, que envolve a compilação e a quantificação das entradas e saídas de um determinado sistema de produtos ao longo do seu ciclo de vida. O ponto central é que o sistema deve ser modelado de modo a que as entradas e saídas do sistema sejam seguidas desde o ponto de extração dos recursos, passando pela produção e utilização, até à eliminação final. A análise do inventário resulta numa grande tabela de todas as entradas no sistema (recursos, etc.) e de todas as saídas do sistema (emissões).

3. A avaliação do impacto do ciclo de vida tem por objetivo compreender e avaliar a magnitude e a importância dos potenciais impactos ambientais de um sistema de produtos. Esta fase inclui os elementos de classificação, caraterização e avaliação. A classificação é uma etapa qualitativa em que os diferentes inputs e outputs do sistema são atribuídos a diferentes categorias de impacte. Durante a caraterização, uma etapa quantitativa, são avaliadas e agregadas as contribuições relativas de cada entrada e saída para as categorias de impacte que lhe foram atribuídas. Na etapa quantitativa ou qualitativa final, designada por avaliação, a importância relativa dos diferentes impactos ambientais potenciais do sistema é ponderada entre si.

4. Interpretação, combinando os resultados da análise do inventário e/ou da avaliação do impacto com o objetivo e o âmbito definidos. Por vezes, esta fase é designada por avaliação e substitui algumas partes da terceira fase.

Finnveden et al (1998) descreveram a utilização da ACV como um processo de avaliação dos encargos ambientais associados a um produto, processo ou actividades. Para tal, é necessário identificar e quantificar a energia e os materiais utilizados e os resíduos libertados para o ambiente e avaliar o impacto dessas utilizações e libertações de energia e materiais no ambiente. Utilizando as características da ACV, podem ser comparados diferentes sistemas que tratam os resíduos de uma determinada área. Para uma dada área geográfica e para os resíduos produzidos nessa área, as ferramentas de ACV oferecem a possibilidade de comparar os diferentes aspectos ambientais de diferentes opções de tratamento. As opções de gestão de resíduos a comparar, a utilização prevista dos resultados, a unidade funcional e os limites do sistema devem ser bem definidos antes de se passar à parte de análise da ACV.

1. Opções a comparar

- Diferentes sistemas de gestão de resíduos

2. Objectivos

- Prever o desempenho ambiental (emissões e consumo de energia)

-Para "permitir cálculos do tipo "e se...?

- Apoiar a consecução da sustentabilidade ambiental e económica

- Demonstrar as interacções no âmbito da gestão integrada de resíduos

- Fornecer dados sobre a gestão de resíduos para utilização em produtos individuais

3. Unidade funcional

- Gerir os resíduos domésticos e comerciais similares de uma determinada área geográfica.

4. Limites do sistema

- Berço (para os resíduos): Quando o material deixa de ter valor e passa a ser um resíduo (por exemplo, o caixote do lixo doméstico)

- Grave: quando os resíduos se transformam em material inerte para aterro ou são convertidos em emissões para a atmosfera e/ou para a água ou assumem um valor (intrínseco, se não económico) ou quando os produtos recuperados são utilizados

- Amplitude: o nível de pormenor incluído, como os efeitos indirectos do consumo de energia.

Análise do fluxo de substâncias (SFA)

A análise do fluxo de substâncias (SFA) é utilizada para descrever as trocas de substâncias entre a litosfera, a biosfera e a tecno-esfera. Pode ser utilizada para identificar e modelar os fluxos de uma determinada substância que entram, saem e atravessam uma determinada área geográfica. A SFA segue uma substância desde o seu aparecimento na área estudada (por extração, produção, importação, etc.) até ao momento em que acaba no ambiente como resíduo ou emissão ou quando é exportada para fora da área. A AAE pode ser efectuada a diferentes níveis; a área considerada pode ser uma empresa, uma cidade, uma região, um país e até um sistema de gestão de resíduos. O principal objetivo da SFA é obter informações sobre as relações entre a economia e o ambiente para a substância estudada. Esta informação é necessária para estabelecer uma política ambiental orientada para a substância, uma política que visa reduzir os impactos ambientais relacionados com uma determinada substância.

Na gestão de resíduos, a SFA pode ser aplicada:

1. Verificação dos balanços de materiais para detetar fluxos de substâncias desconhecidos ou ocultos (por exemplo, emissões ou sumidouros);

2. Quantificação de fluxos de substâncias difíceis de medir, por exemplo, emissões difusas de solventes;

3. Identificação das possibilidades de reduzir as emissões e de fechar os ciclos dos materiais.

A abordagem de modelização e recolha de dados na SFA é, em muitos casos, bastante semelhante à utilizada na ACV, exceto que o fluxo de substâncias não está relacionado com uma unidade funcional. A SFA pode, assim, ser uma fonte de dados útil para a ACV ou vice-versa, mas a sua principal aplicação é a identificação de opções de política ambiental, por exemplo, mostrando quais os fluxos que podem ser restringidos para reduzir as emissões de uma substância ou de um material. Voet et al (1995) apresentam uma boa descrição da SFA.

Modelo de investigação sobre resíduos orgânicos e sistemas de gestão de resíduos

O Organic Waste Research é um modelo de fluxo de materiais/substâncias utilizado para calcular principalmente as emissões e a rotação de energia de um sistema de gestão de resíduos. O modelo destina-se a ser uma ferramenta de simulação de diferentes sistemas de tratamento de resíduos líquidos e sólidos numa determinada área. Desde o início, o ORWARE centrou-se apenas nos aspectos ambientais do tratamento de resíduos orgânicos (biodegradáveis), mas tem vindo a desenvolver-se de modo a incluir todos os tipos de resíduos sólidos urbanos.

O ORWARE está intimamente relacionado com a ACV, como se pode ver pela definição dos limites do sistema, pelo inventário dos aspectos ambientais da gestão de resíduos e pela avaliação e interpretação dos resultados. Os limites do sistema no ORWARE são definidos de acordo com o método de manuseamento de resíduos em consideração, os limites geográficos da área estudada e a definição do período de tempo passível de inquérito e restante. O limite efetivo do sistema depende do número de unidades funcionais incluídas. As unidades funcionais do ORWARE incluem a gestão de resíduos de uma determinada área, a produção de eletricidade, o aquecimento urbano, a recuperação de biocombustíveis e fertilizantes (Bjorklund, 1998). A inclusão de uma ou mais destas unidades funcionais alarga o limite do sistema ORWARE, o que resulta na necessidade de um número de entradas adicionais, ao mesmo tempo que fornece mais alguns aspectos do desempenho do sistema que está a ser analisado. Tal como na ACV, o fluxo total de emissões no ORWARE é quantificado e o potencial impacto ambiental é avaliado através da classificação e caraterização das categorias de impacto ambiental.

São quantificadas as contribuições do sistema estudado para o efeito de estufa, a eutrofização, a acidificação, a destruição da camada de ozono, etc.

O ORWARE é um tipo de SFA que efectua cálculos quantitativos de fluxos de resíduos, fluxos de materiais e poluentes. Como modelo SFA, é efectuado um balanço de entrada e saída de uma determinada substância (ou grupo de substâncias) através do sistema de tratamento, dando a oportunidade de identificar melhorias ambientais relacionadas com a(s) substância(s).

Bjuggren (1998) atribuiu a razão da combinação das metodologias SFA e LCA no mesmo modelo aos requisitos dos objectivos do modelo. De um ponto de vista municipal, os objectivos primários do modelo ORWARE são os seguintes

1. Identificar as principais fontes de fluxos que causam problemas ambientais,
2. Avaliar as possíveis soluções actuais e futuras para o tratamento de resíduos no que respeita aos efeitos ambientais; quantificar os compromissos ambientais entre o sistema de gestão de resíduos e os sistemas de apoio circundantes.

ABORDAGEM INTEGRADA DA GESTÃO DOS RESÍDUOS SÓLIDOS

A gestão integrada dos resíduos sólidos (ISWM) reflecte a necessidade de abordar os resíduos sólidos de uma forma abrangente, com uma seleção cuidadosa e uma aplicação sustentada da tecnologia adequada, condições de trabalho e estabelecimento de uma "licença social" entre a comunidade e as autoridades designadas para a gestão dos resíduos (mais frequentemente o governo local). A ISWM baseia-se tanto num elevado grau de profissionalismo por parte dos gestores de resíduos sólidos como na apreciação do papel fundamental que a comunidade, os trabalhadores e os ecossistemas locais (e cada vez mais globais) têm na gestão eficaz dos resíduos sólidos urbanos. A ISWM deve ser orientada por objectivos claros e baseia-se na hierarquia da gestão de resíduos: reduzir, reutilizar, reciclar - acrescentando frequentemente um quarto "R" para a recuperação. A estas opções de desvio de resíduos seguem-se a incineração e a deposição em aterro, ou outras opções de eliminação.

Componentes de um plano de gestão integrada de resíduos sólidos

Um plano integrado de gestão de resíduos sólidos deve incluir as seguintes secções

- Todas as políticas, metas, objectivos e iniciativas municipais relacionadas com a gestão de resíduos;

- O carácter e a escala da cidade, as condições naturais, o clima, o desenvolvimento e a distribuição da população;
- Dados sobre toda a produção de resíduos, incluindo dados que abranjam tanto os anos recentes como as projecções para o período de vigência do plano (normalmente 15-25 anos). Estes dados devem incluir dados sobre a composição dos RSU e outras características, como o teor de humidade e a densidade (peso seco), actuais e previstos;
- Identificar todas as opções propostas (e combinações de opções) para a recolha, o transporte, o tratamento e a eliminação dos tipos e quantidades definidos de resíduos sólidos (devem ser abordadas opções para todos os tipos de resíduos sólidos produzidos);
- Avaliação da(s) melhor(es) opção(ões) ambiental(ais) prática(s), integrando uma avaliação equilibrada avaliações de todas as questões técnicas, ambientais, sociais e financeiras;
- O plano proposto, especificando a quantidade, escala e distribuição dos sistemas de recolha, transporte, tratamento e eliminação a desenvolver, com os fluxos de massa de resíduos propostos para cada um deles;
- Especificações sobre a monitorização e os controlos contínuos propostos que serão implementados em conjunto com as instalações e práticas e a forma como esta informação será regularmente comunicada;
- Reformas institucionais associadas e disposições regulamentares necessárias para apoiar o plano;
- Avaliação financeira do plano, incluindo a análise dos custos de investimento e dos custos recorrentes associados às instalações e serviços propostos, durante o período de vigência do plano (ou das instalações);
- Todas as fontes de financiamento e de receitas associadas ao desenvolvimento e ao funcionamento do plano, incluindo as transferências de subsídios e as taxas de utilização previstas;
- Os requisitos para a gestão de todos os resíduos não provenientes de RSU, que instalações são necessárias, quem as fornecerá e os serviços conexos e como essas instalações e serviços serão pagos;
- O plano de execução proposto, que abrange um período de, pelo menos, 5 a 10 anos, com um plano de ação imediato que especifique as acções previstas para os primeiros 2 a 3 anos;
- Resumo das consultas públicas efectuadas durante a preparação do plano e propostas para o futuro;
- Esboço do programa pormenorizado a utilizar para a localização das principais instalações de gestão de resíduos, por exemplo, aterros, instalações de compostagem e estações de transferência.
- Uma avaliação das emissões de GEE e do papel dos RSU no metabolismo urbano global da cidade.

A ISWM baseia-se em quatro princípios:

A. Equidade para que todos os cidadãos tenham acesso a sistemas de gestão de resíduos por razões de saúde pública;
B. Eficácia do sistema de gestão de resíduos para remover os resíduos com segurança;
C. Eficiência para maximizar os benefícios, minimizar os custos e

D. Otimizar a utilização dos recursos; e sustentabilidade do sistema numa perspetiva técnica, ambiental, social (cultural), económica, financeira, institucional e política (van de Klundert e Anschutz 2001).

Existem três dimensões interdependentes e interligadas de ISWM, que devem ser abordadas simultaneamente aquando da conceção de um sistema de gestão de resíduos sólidos: partes interessadas, elementos e aspectos. Um quadro alternativo é fornecido pelo UNHABITAT, que identifica três elementos-chave do sistema em ISWM: saúde pública, proteção ambiental e gestão de recursos (UN-Habitat 2009).

Saúde pública: Na maioria das jurisdições, as preocupações com a saúde pública têm estado na base dos programas de gestão de resíduos sólidos, uma vez que a gestão de resíduos sólidos é essencial para a manutenção da saúde pública. Os resíduos sólidos que não são devidamente recolhidos e eliminados podem ser um terreno fértil para insectos, parasitas e animais necrófagos, podendo assim transmitir doenças transmitidas pelo ar e pela água. Os inquéritos realizados pela ONU-Habitat mostram que, nas zonas onde os resíduos não são recolhidos com frequência, a incidência de diarreia é duas vezes superior e a de infecções respiratórias agudas seis vezes superior à das zonas onde a recolha é frequente (ONU-Habitat 2009).

Proteção do ambiente: Os resíduos mal recolhidos ou eliminados de forma incorrecta podem ter um impacto negativo no ambiente. Nos países de baixo e médio rendimento, os RSU são frequentemente depositados em zonas baixas e terrenos adjacentes a bairros de lata. A falta de regulamentação permite que resíduos médicos e perigosos potencialmente infecciosos sejam misturados com os RSU, o que é prejudicial para os recolhedores e para o ambiente. As ameaças ambientais incluem a contaminação das águas subterrâneas e superficiais

Partes interessadas: incluem indivíduos ou grupos que têm um interesse ou funções. Todas as partes interessadas devem ser identificadas e, sempre que possível, envolvidas na criação de um programa de SWM.

Elementos (Processo): incluem os aspectos técnicos da gestão dos resíduos sólidos. Todas as partes interessadas têm impacto num ou mais dos elementos. Os elementos devem ser considerados simultaneamente aquando da criação de um programa de gestão de resíduos sólidos, a fim de se obter um sistema eficiente e eficaz. Aspectos (Políticas e Impactos): englobam as realidades regulamentares, ambientais e financeiras em que o sistema de gestão de resíduos funciona. Aspectos específicos podem ser alteráveis, por exemplo, uma comunidade aumenta a influência ou os regulamentos ambientais são mais rigorosos. As medidas e prioridades são criadas com base nestes vários aspectos locais, nacionais e globais. de resíduos que não são corretamente recolhidos e eliminados.

Gestão dos recursos: Os RSU podem representar um recurso potencial considerável. Nos últimos anos, o mercado mundial de materiais recicláveis registou um aumento significativo. O mercado mundial de sucata metálica pós-consumo está estimado em 400 milhões de toneladas anuais e em cerca de 175 milhões de toneladas anuais de papel e cartão (UN-Habitat 2009). Esta reciclagem, particularmente nos países de baixo e médio rendimento, ocorre através de um sector ativo, embora geralmente informal. A produção de novos produtos com materiais secundários pode poupar energia significativa. Por exemplo, a produção de alumínio a partir de alumínio reciclado requer 95% menos energia do que a produção a partir de materiais virgens. À medida que o custo dos materiais virgens e o seu impacto ambiental aumentam, espera-se que o valor relativo dos materiais secundários aumente. (Banco Mundial, 2012).

NEXO RESÍDUOS-RIQUEZA

A partir da nossa definição inicial de resíduos, convém recordar que os resíduos não significam substâncias inúteis ou completamente sem valor, uma vez que um resíduo pode tornar-se matéria-prima noutro local. As pilhas de resíduos nas lixeiras, especialmente nos nossos centros urbanos, estão cheias de plásticos e outros materiais recicláveis. Não admira, pois, que tenham sido baptizados de "paraíso dos necrófagos" (Osuji, 1994:108). Assim, a definição dos russos parece correcta no contexto do nexo resíduos-riqueza.

A gestão de resíduos deve ter como objetivo a minimização ou redução, reutilização e reciclagem dos resíduos antes de os deitar para um caixote do lixo. A reciclagem dos resíduos não biodegradáveis ajudará o indivíduo e também a indústria local. Nos últimos anos, muitas indústrias estão a ficar sem matérias-primas. Para que a reciclagem seja bem sucedida, a separação deve começar a nível doméstico. Se o papel, o plástico, o alumínio, o ferro e o vidro puderem ser separados e guardados em caixotes ou cestos separados, é normal que os nossos resíduos sejam reduzidos para o agente de recolha e que paguemos menos pelos seus serviços? Para além de poupar algum dinheiro ao agente, ganha-se algum dinheiro extra com a venda destes materiais recicláveis.

Pergunte ao rapaz da recolha no local de despejo do lixo: Quanto dinheiro é que ele ganha ao fim do dia na Nigéria? A resposta é muito modesta, com um sorriso (Sridhar e Hameed, 2014). De cada vez, dezenas destes catadores podem ser vistos a vasculhar os montes de lixo e a clamar por cada nova carga de camião. É necessário dar passos no sentido positivo para reconverter estes resíduos em riqueza. Para ter êxito neste domínio, os resíduos devem ser separados nos seus vários componentes desde a fase de produção.

Tendo em conta a composição química de vários resíduos orgânicos, o seu valor em termos de nutrientes coloca-nos numa posição vantajosa na consideração da composição como uma opção de gestão de resíduos. Para uma maior eficiência na conversão dos nossos resíduos em riqueza, recomenda-se a privatização dos serviços de resíduos. Isto baseia-se nos resultados da longa reputação do sector privado como gestor progressista e imitativo de empresas orientadas para os serviços (Falomo, 1995:9).

NEXO RESÍDUOS-RIQUEZA, EXPLORANDO A DINÂMICA INCONSCIENTE DO DESENVOLVIMENTO DE ELAEIS GUINEENSIS NA CINTURA DE PALMEIRAS DE ABAK, AKS, NIGÉRIA

RESUMO

O presente documento procura examinar o nexo resíduos-saúde com o objetivo de explorar a dinâmica inconsciente do desenvolvimento na cintura de palmeiras de Abak, no Estado de Akwa Ibom, na Nigéria. Um inquérito de reconhecimento no terreno identificou oito comunidades que foram objeto de uma amostragem intencional, na qual foram distribuídas 400 cópias de questionários para criar uma base de dados sobre a socioeconomia dos resíduos como recurso. O estudo foi complementado com discussões em grupo com membros da comunidade, agricultores e partes interessadas, bem como com estudos participativos com ambientalistas do uso da terra. Esta investigação identificou a disponibilidade de resíduos como a fibra, a casca, o bagaço de palma, a amêndoa de palma e as lamas, que foram considerados pela comunidade como potenciais de riqueza. A maioria dos exploradores de palmeiras não dá valor aos resíduos e deita-os fora entre os muitos produtos desperdiçados no ambiente. Os resíduos foram eliminados principalmente em fábricas de óleo de palma, arbustos de palmeiras, casas de processamento de óleo de palma, terras agrícolas e mercados de óleo de palma. A taxa de eliminação dos resíduos variava de local para local, com uma utilização discrepante dos resíduos em microescala como recursos. Os relatórios dos inquiridos revelaram que a fragilidade do quadro institucional, as barreiras económicas e o bloqueio psico-social são problemas que impedem a exploração eficaz do potencial multifuncional dos resíduos de palmeiras. A avaliação das lamas mostrou que o material é rico em nutrientes primários que condicionam o solo, regeneram a qualidade do solo e enriquecem a camada de húmus. Uma investigação aprofundada dos resíduos de palma em arbustos de palmeiras revelou um elevado rendimento das culturas devido à capacidade de desenvolvimento do solo dos resíduos. Com base nos resultados desta investigação, concluiu-se que os resíduos não são realmente resíduos, mas sim fontes de riqueza. A liberdade dos resíduos gera riqueza. Por conseguinte, recomendou-se que, na comunidade, no estado e no país, os resíduos de palmeiras fossem altamente valorizados e explorados de forma sustentável para o desenvolvimento intergeracional.

Palavras-chave: Desperdício, Riqueza, Explorando, Dinâmica, Desenvolvimento, Cinturão de palmeiras de óleo, Estado de Akwa Ibom, Nigéria.

INTRODUÇÃO

A faixa de palmeiras de óleo é uma unidade ecológica única, considerada por diferentes académicos em países desenvolvidos e em desenvolvimento pelos seus benefícios multifuncionais, especialmente a Elaeis Guineensis (palmeira de óleo) (Ibrahim, 2001; Paramananthan, 2003; Muhammad & Tsan, 2008). É considerada como a "Árvore da Vida" porque a palmeira de óleo vive e floresce durante muitos anos. Em comparação com as principais culturas de sementes oleaginosas, a palmeira oleaginosa é mais eficiente na utilização da terra, dos recursos e dos factores de produção, tais como fertilizantes, pesticidas e energia (Ndon, 2006).

O habitat original do dendezeiro são os pântanos de água doce e as florestas tropicais da África Ocidental. O dendezeiro foi domesticado anos antes da chegada dos europeus à África Ocidental por muitos africanos ocidentais. Os cientistas acreditam que o óleo de palma teve origem na sociedade da África Ocidental, onde várias árvores têm nomes vernáculos para as suas várias espécies e os métodos tradicionais de plantação, colheita e transformação dos frutos para obter óleo de palma e óleo de palmiste (Hartley, 2000). Os exploradores portugueses, holandeses e espanhóis comercializavam óleo de palma, palmiste e vinho de palma em troca de produtos importados. Jacquin, em 1763, deu-lhe o nome de Elaeis guineensis a partir dos espécimes recolhidos na África Ocidental. Nos últimos anos, os registos fósseis também apoiaram a origem oeste-africana do óleo de palma; a partir do túmulo de Abydos, as provas do frasco de óleo de palma escavado revelaram que, em 3000 a.C., era utilizado no Antigo Egipto. A história revela que os comerciantes egípcios e árabes o levaram da África Ocidental (Ndon, 2006b). A cultura é atualmente cultivada na África Central e no Sudeste Asiático, particularmente na Malásia e na Indonésia. A Malásia é atualmente o principal produtor de óleo de palma e de palmiste (Ibrahim, 2001).

Em África, a cintura petrolífera concentra-se nos Estados costeiros tropicais da África Ocidental e nos países da África Central. A cintura atravessa as latitudes meridionais do Senegal, Guiné, Serra Leoa, Libéria, Costa do Marfim, Gana, Togo, Benim, Nigéria, Camarões, Angola, República Democrática do Congo, República do Congo e Tanzânia. Encontram-se também palmeiras no Burundi, República Centro-Africana, Guiné Equatorial, Gâmbia, Gabão, Guiné-Bisau, Madagáscar e Saotome Principal.

Na Nigéria, a cintura das palmeiras oleaginosas está dividida em densa floresta de palmeiras oleaginosas, arbustos de palmeiras oleaginosas e florestas secundárias com palmeiras oleaginosas. A cintura de dendezeiros de Abak pertence aos palmeirais densos das zonas da região do Delta do Níger, como os Estados de Abia, Edo, Delta, Bayelsa, Cross River e AkwaIbom (Ndon, 2006b). Os densos palmeirais de óleo são caracterizados por povoamentos quase puros de palmeiras de óleo, com arbustos e culturas arvenses na camada inferior. Durante a época agrícola, os agricultores costumam podar as folhas para permitir que mais luz solar chegue às culturas alimentares consorciadas. A densidade de palmeiras nos pomares varia entre 135 e 249 por hectare. O palmeiral estende-se também ao Estado de Anambra. Os Estados de Edo, Kwara, Ondo, Enugu, Imo e partes de Akwa Ibom são conhecidos pelos seus arbustos de dendezeiros, com povoamentos de dendezeiros que variam entre 50-125 palmeiras por hectare, registados em locais como Oyo, Lagos, Ondo, partes de Kwara e Edo.

Todas as partes da palmeira são úteis. As raízes têm valor medicinal na cura de furúnculos e outros inchaços inflamatórios. Os subprodutos da palmeira incluem os cachos de frutos vazios, os efluentes das fábricas, o esterilizador, o condensado, a fibra de palmeira e a casca do palmito. Os dois primeiros são amplamente utilizados como cobertura vegetal e melhoradores do solo nas plantações de palmeiras, e a fibra e a casca são cada vez mais utilizadas como combustíveis nas fábricas de óleo (Yusoff 2006). As cinzas podem ser misturadas com betão (Tangchirapat *et al.* 2007) e as cascas podem ser utilizadas para pavimentar estradas de plantação (Yusoff 2006), enquanto o metano da fermentação dos efluentes das fábricas também pode fornecer energia às fábricas (Yacobet *al.* 2006). Os troncos de palmeira tratados podem ser transformados em mobiliário (Darnoko 2002 citado em Simorangkir 2007). Outros artigos experimentais feitos a partir de subprodutos incluem papel (Wanrosliet *al.* 2007), cartão de fibras e enchimentos (Wahid *et al.* 2005), carvão ativado (Ahmad *etal.* 2007), comida para peixes (Bahurmiz e Ng 2007), composto para o cultivo de cogumelos, e enzimas, vitaminas e antibióticos (Ramachandranet *al.* 2007). A fibra de palma já é utilizada na carroçaria composta do carro nacional da Malásia. A investigação comercial prossegue: por exemplo, o aroma de baunilha pode ser produzido a partir de cachos de fruta vazios (Ibrahim *et al.* 2008), enquanto a fibra está a ser proposta como um meio de filtrar poluentes de metais pesados provenientes de outros processos industriais (Isa *et al.* 2008). Até mesmo as pragas podem ser utilizadas para fins comerciais: por exemplo, os escaravelhos-rinoceronte *Oryctes* capturados em armadilhas com feromonas nas plantações de palmeiras são utilizados como suplemento nutricional para a alimentação de peixes ornamentais (Kamarudin *et al.* 2007).

A utilização de subprodutos pode aumentar a viabilidade financeira do óleo de palma e reduzir os resíduos. A adoção na Malásia está mais adiantada do que na Indonésia e varia de empresa para empresa. O tronco é utilizado como madeira, lenha e para vedações e construção de pontes locais. As folhas são utilizadas para o fabrico de vassouras e cestos e para a construção de casas de colmo. Os resíduos dos cachos são ricos em fertilizantes. O óleo de palma vermelho é extraído do mesocarpo oleoso e é utilizado para o fabrico de sabão, velas, margarinas, tintas, gorduras alimentares e produtos de confeitaria. O óleo de palmiste é extraído da amêndoa da palmeira e tem a mesma qualidade que o óleo de coco. O óleo de palmiste é utilizado para sabão, margarinas, velas, óleo de cozedura, gorduras e produtos de confeitaria. O bagaço de palmiste é utilizado na alimentação de animais como o gado, os coelhos e as aves de capoeira. O óleo de palma refinado e o óleo de palmiste são utilizados no fabrico de cosméticos, plásticos e polímeros (Ndon, 2006). De acordo com Kawser e Nasir (2000), cerca de 30% da casca é utilizada com fibra nas caldeiras de óleo de palma como combustível para gerar energia e vapor para o funcionamento da fábrica. Ndon (2006b) afirmou que os resíduos de óleo de palma, como a fibra da casca, os cachos de frutos vazios e os afluentes da moagem, podem ser utilizados para produtos económicos e que a indústria pode oferecer emprego à população.

Redshaw (2003) examinou os níveis de utilização de resíduos de campo e de subprodutos de moagem. Descobriu que muitos resíduos com benefícios económicos são subutilizados e que é necessário concentrar-se na sua vitalidade. Chan, Watson e Lim (1981) consideraram necessário utilizar os resíduos de óleo de palma para aumentar a produção económica. Fairlust e Mutert (1997) referiram-se à utilidade das fibras como resíduos, Guo e Lua (2000) aos resíduos sólidos de frutos, Kawser e Nasir (2000) à casca, Yatim (1996) à energia da biomassa. Cada um destes resíduos possui benefícios multifuncionais que devem ser amplamente geridos para uma produção e desenvolvimento sustentáveis (Fair lust e Hadter, 2003).

O PROBLEMA

A cintura de palmeiras de Abak, um dos principais territórios de elevada produção de óleo de palma, tem estado, desde há décadas, dependente da produção de óleo de palma para a sua subsistência. Este facto contribuiu para o desenvolvimento das capacidades humanas, da economia rural e do desenvolvimento regional. No entanto, o recente declínio da produção é causado pela negligência do recurso ao petróleo bruto, pela fragilidade das políticas, pela indiferença dos investigadores e das organizações de desenvolvimento em relação ao sector e pelas más práticas de gestão. Devido a estes factores, o Instituto Nigeriano de Investigação sobre a Palma de Óleo (NIFOR) foi integrado na subdivisão de Abak do NIFOR. Assim, apesar da adequação ambiental da faixa de palmeiras de Abak para o aumento da produção, a produção está abaixo das expectativas.

Além disso, os resíduos gerados pelo óleo de palma, desde a colheita da produção até à prensagem, são banalizados na sua utilização nas comunidades de palmeiras da cintura petrolífera. Os subprodutos são eliminados aleatoriamente em lixeiras, terrenos agrícolas e arbustos abandonados. Apenas alguns aplicam abordagens subsistentes para utilizar os resíduos para obter ganhos insignificantes na sua perceção. Nos países desenvolvidos do mundo, o desenvolvimento dos resíduos de óleo de palma, especialmente na Malásia, na sua produção de 7,7 milhões de toneladas de cachos de frutos vazios, 6,0 milhões de toneladas de fibras e 2,4 milhões de toneladas de cascas, tem sido utilizado para os seus produtos económicos e para diversas funções que impulsionaram o seu estatuto económico. É óbvio que os resíduos são menos apreciados pela população Abak e que a data de utilização é infinitesimal. Embora alguns estudiosos tenham dado ênfase aos resíduos de óleo de palma como fontes de riqueza, a literatura é escassa sobre estes resíduos, especialmente no contexto do território local e da caraterização da distribuição.

A recente tendência da iniciativa de resíduos dos objectivos de desenvolvimento sustentável procura encontrar um equilíbrio entre as dimensões económica, social e ambiental do desenvolvimento, desde a produção de energia, eficiência energética, recuperação e reutilização, recuperação e desenvolvimento de bio-capacidade (Nações Unidas, 2014). Por conseguinte, o presente documento, enquanto proponente da iniciativa "dos resíduos à riqueza" dos ODS, tem por objetivo explorar a dinâmica banalizada do desenvolvimento dos resíduos de óleo de palma em potenciais de riqueza, tendo em vista o desenvolvimento ecológico industrial sustentável da cintura de óleo de palma.

Materiais e métodos

Área de estudo:

A cintura de palmeiras de Abak (OPB) está situada entre as latitudes 4° 54IN e 5° 27IN e entre as longitudes 7° 26I e 7° 40IE. Situa-se no interior da floresta tropical húmida, influenciada por uma massa de ar quente e húmido proveniente do Oceano Atlântico e por uma massa de ar ligeiramente continental proveniente do deserto do Sara, o que dá origem a duas estações: a estação das chuvas e a estação seca. A precipitação anual é de 2.472 mm, distribuída ao longo do ano. Os meses de dezembro a março têm pouca ou nenhuma precipitação em comparação com os meses de abril a novembro. Há dois períodos de pico de precipitação em junho/julho e setembro/novembro. Os valores de temperatura são relativamente elevados na faixa das palmeiras durante todo o ano, com temperaturas médias anuais que variam entre cerca de 26-28° C. As temperaturas máximas médias são geralmente superiores a 30° enquanto a temperatura média varia entre cerca de 6° C ou mais. A área é caracterizada principalmente pela planície costeira de areia no sul e no interior. O solo é predominantemente ácido, o que favorece o desenvolvimento da palmeira de óleo. A zona é drenada a sul pelo estuário do rio Imo e a norte pelo estuário do rio Kwa Iboe. Existem também cursos de água subsequentes e consequentes que drenam toda a cintura de palmeiras de Abak, sujeitos às suas localidades. As ocupações tradicionais da população são a agricultura e o comércio. Além disso, são realizadas várias obras de arte como o fabrico de cestos. O processamento de óleo de palma e a extração de areia são feitos em grande escala na zona devido ao enquadramento geomorfológico do local.

Requisitos e fonte dos dados

Os dados necessários para a investigação incluem dados sobre a localização dos resíduos de óleo de palma, percepções do potencial de riqueza dos resíduos de óleo de palma, avaliação das lamas, geradores de resíduos e factores para uma utilização eficiente dos resíduos. Os dados foram obtidos através de um inquérito de reconhecimento no terreno, de uma investigação aprofundada, da participação em discussões de grupo com as partes interessadas e os membros da comunidade e de estudos laboratoriais sobre as lamas das fábricas de óleo de palma.

Amostragem e população do estudo

O inquérito de reconhecimento no terreno identificou 8 comunidades de amostragem que foram propositadamente amostradas com base na disponibilidade de palmeiras de óleo, especialmente os densos palmeirais de óleo da cintura de palmeiras de óleo de Abak. Foram distribuídos aleatoriamente 400 exemplares de questionários às partes interessadas, aos agricultores e aos membros da comunidade. A distribuição dos questionários baseou-se na fórmula de Yaro Yamane

$n = N / 1 + N (e)^2$

Métodos laboratoriais para avaliação das lamas

Foram recolhidas quatro amostras de lamas em quatro fábricas de palma e armazenadas em garrafas. Cada amostra foi submetida a um método laboratorial padrão. As amostras foram analisadas segundo os métodos de Dimpe et al (2015), Okalebo et al (2012) e Subbiah et al (2006), bem como de Fytili e Zabaniotou (2008). As propriedades seleccionadas são o teor de humidade, o teor de cinzas, a matéria orgânica, o volume de lamas de sedimentação, o índice de lamas, o índice de densidade das lamas, o fosfato, o nitrato, o amónio, o sulfato, o azoto, os cloretos e o carbono orgânico total.

Resultados e discussão

Perceção da comunidade sobre a disponibilidade de resíduos de óleo de palma na OPB de Abak

Nas comunidades da cintura de palmeiras, foram gerados resíduos de palmeiras, tais como cascas, fibras, cachos de frutos vazios, amêndoas, lamas, bagaços e troncos. Os diferentes locais foram responsáveis por uma proporção variável da disponibilidade de resíduos. O quadro 1 resume a relação entre os produtos desperdiçados de Elaies guineesis e os locais de produção de resíduos em todas as comunidades da cintura.

Quadro 1 Disponibilidade de resíduos de óleo de palma nas comunidades de Abak OPB

Shell	%	Fibre	%	EFB	%	Kernel	%	Sludges	%	Cake	%	Trunk	%
30	7.5	57	14.3	65	16.3	56	14	30	7.5	40	7.5	43	10.8
63	15.8	80	20	78	19.5	16	4	68	17	97	17	36	9
22	5.5	23	5.75	33	8.3	96	24	30	7.5	48	7.5	34	8.5
19	4.8	51	12.8	29	7.3	40	10	62	15.5	55	15.5	31	7.8
26	6.5	51	12.8	52	13	26	6.5	60	15	50	15	21	5.3
89	22.3	32	8	39	9.8	47	11.8	42	10	40	10	72	18
91	22.8	20	5	14	3.5	30	7.5	23	5.8	55	5.8	84	21
60	15	86	21.5	90	22.5	89	22.3	87	21.8	35	21.8	79	19.8
400	100	400	100	400	100	400	100	400	100	400	100	400	100

Tabela 2. Variações na quantidade de resíduos depositados nas principais áreas de descarga em Abak OPB

Locations	Quantity of Waste disposed	
Oil Palm Mills	104	26%
Bushes of Oil Palm trees	40	10%
Processing homes	68	17%
Palm oil Markets	49	12.25%
Farmlands	39	9.75%
Total	400	100

De todos os locais de deposição, 26% (104) dos inquiridos indicaram os lagares de azeite como a principal área de deposição, 10% (40) indicaram os arbustos com palmeiras, 17% (68) indicaram as casas de processamento, 12,25% (49) indicaram os mercados de azeite e 9,75% (39) as terras agrícolas. A razão para a existência de mais resíduos nas fábricas de óleo de palma deve-se à população de negociantes de óleo que processam óleo de palma diariamente na área, que varia entre homens, mulheres e jovens. A observação no terreno revelou que os resíduos são gerados e eliminados em diferentes fases da transformação. Durante o processo de transformação dos frutos frescos em óleo de palma, os agricultores concentram-se na produção de óleo para fins domésticos e comerciais. É dada pouca atenção aos materiais indesejáveis associados à riqueza da palmeira. Os agricultores e os comerciantes de óleo sem moinho levam os cachos de óleo de palma para as suas casas e utilizam técnicas improvisadas para a transformação do óleo de palma.

O relatório do Nigerian Institute for Oil Palm Research (NIFOR) revelou um elevado rendimento anual que varia entre 10,5-24,5 MT/H. *O que acontece com os resíduos gerados e eliminados ao longo dos anos?*

Por conseguinte, negligenciar as necessidades dos resíduos de óleo de palma no desenvolvimento da economia alarga a armadilha do equilíbrio da pobreza. A situação persiste quando todas as facetas da comunidade estão desinteressadas em novas formas de desenvolver os resíduos disponíveis centrados na riqueza.

Fig.2 Perceção da comunidade sobre o potencial de riqueza dos resíduos de óleo de palma na OPB

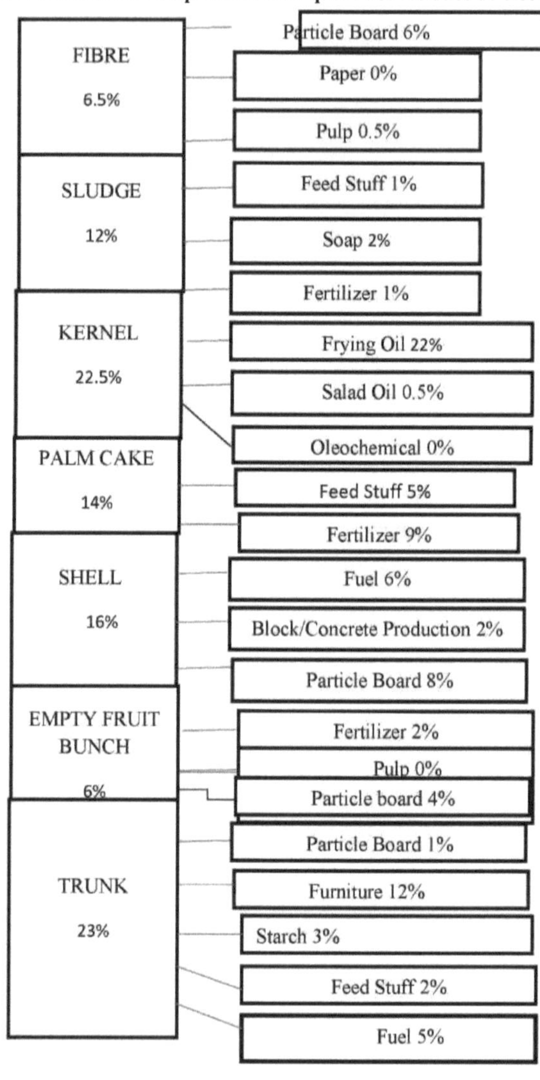

Com base no esquema acima, a contribuição dos resíduos para a criação de riqueza varia consoante a capacidade das pessoas de perceberem o seu valor para a economia. É por isso que as fibras, as lamas, a amêndoa, o bagaço de palma, a casca, os cachos de frutos vazios e o tronco representaram 6,5%, 12%, 22,5%, 14%, 16%, 6% e 23% do potencial de desenvolvimento. Por conseguinte, as percepções da comunidade sobre o valor destes recursos reduziram os níveis de utilização dos resíduos de óleo de palma nas zonas da cintura. O conhecimento é fundamental para a utilização. Estas funções vão desde os benefícios domésticos, comerciais, socioculturais até aos benefícios industriais derivados do recurso.

A figura abaixo mostra os problemas de utilização eficiente dos resíduos de óleo de palma:

Fig.3 Problemas de utilização eficiente dos resíduos de óleo de palma

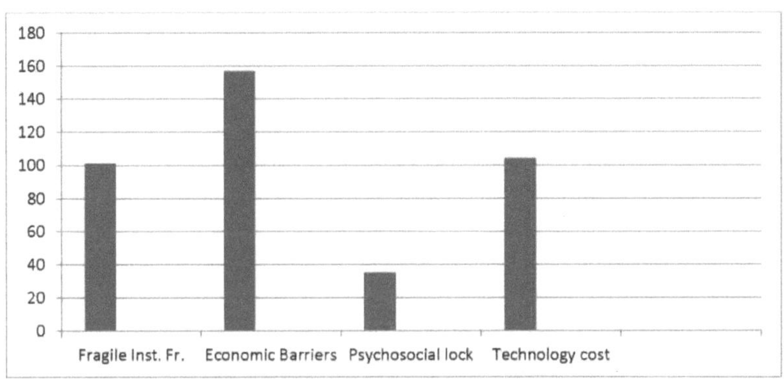

A Fig.3 revelou que, dos 400 inquiridos, 101 (25,25%) referiram a fragilidade do quadro institucional como um problema para a utilização eficiente dos resíduos, 157 (39,25%) referiram as barreiras económicas, 38 (9,5%) referiram o bloqueio psicossocial e 104 (26%) referiram o custo da tecnologia.

Veja-se Ndon (2006) citando Hoak et al (2001) que mostra o teor de nutrientes nos resíduos de palma nas explorações agrícolas na época de replantação.

Palm Residues	Nutrient (kg/ha)			
	N	P	K	Mg
Palm Trunk	219.6	21.2	314.5	52.6
Fronds	119.8	11.0	109.7	23.3
Total	339.4	32.2	424.2	75.9
Fertilizer	UREA	CIRP	MOP	KIE
Equivalent	737.9	204.8	848.4	487.5

De acordo com Ndon (2006), a biomassa dos resíduos de palma, através da decomposição, recicla os nutrientes no solo e reduz a utilização de fertilizantes inorgânicos. O retorno da matéria orgânica também melhora as propriedades físicas e químicas dos solos.

ESTUDO DE CASO: ESTUDOS EMPÍRICOS DE AMOSTRAS DE LAMAS DE ÓLEO DE PALMA

PROPRIEDADES FÍSICO-QUÍMICAS DAS LAMAS DAS FÁBRICAS DE ÓLEO DE PALMA

Properties	S1	S2	S3	S4
Moisture Content (%)	27	24	23.5	19.27
Ash Content (%)	7.9	6.9	6.39	8.4
Organic Matter (%)	88.64	92.1	79.84	76.5
Settle Sludge volume(ml)	645	584	678	662
Sludge index	1.67	1.08	1.23	1.20
Sludge Density Index (%)	65.1%	73.25	87	82
Phosphate (mg/l)	1.89	2.3	1.91	1.84
Nitrate (mg/l)	15.6	18.2	13.2	11
Ammonium (mg/l)	6.78	4.79	5.24	4.98
Sulphate (mg/l)	12	10	12	9
Nitrogen	11	8	10.24	8.4
Chlorides	0.33	0.44	0.57	0.39
BOD (mg/l)	13	8	7.94	9.75
COD (mg/l)	813	774	646	589
TOC (%)	8.72	9.22	8.23	6.45

A análise físico-química das lamas recolhidas nas fábricas de óleo de palma de Abak mostrou que os materiais orgânicos e outros macro/microelementos são suficientemente ricos para contribuírem para a regeneração do solo e para a melhoria da qualidade. O índice de densidade das lamas varia entre 65,1% e 87%. Quanto mais elevado for o índice, mais densos são os minerais do solo que podem ser úteis para o condicionamento do solo e o enriquecimento da bio-capacidade dos solos na cintura das palmeiras. Esta investigação concorda com Ndon (2006b) que os resíduos de óleo de palma podem ser utilizados para produtos económicos e que a indústria pode oferecer emprego à população. Por conseguinte, a gestão de resíduos de Elaeis guineensis deve ser orientada para o desenvolvimento de recursos e para a segurança da riqueza sustentável.

CONCLUSÃO

O estudo da dinâmica de desenvolvimento dos subprodutos da Elaies Guineensis na cintura da palmeira de óleo de Abak, através da ligação estabelecida entre os resíduos da palmeira de óleo e os potenciais de riqueza associados. O estudo revelou que diferentes comunidades de eliminação de resíduos banalizam os benefícios multifuncionais da casca, da fibra, do cacho de fruta vazio, da amêndoa, da lama, do bolo de palma e do tronco. Apesar do facto de a produção de óleo de palma ser elevada na cintura de palmeiras de Abak, a taxa de resíduos e as perdas de recursos vitais dos resíduos aumentam. É dada uma grande atenção à produção de óleo de palma e os esforços insignificantes das pessoas são contabilizados no seu envolvimento no desenvolvimento do ambiente económico no sentido da recuperação de recursos a partir da eliminação de resíduos e da não consideração de todos os materiais indesejados como resíduos.

Uma avaliação pormenorizada dos recursos residuais mostrou a composição rica em nutrientes do recurso na análise físico-química das lamas e na caraterização dos resíduos de palma por Hoak et al, 2001 citado em Ndon (2006). Esta investigação de um ângulo multidisciplinar resume-se ao nexo riqueza-resíduos em Elaeis Guineensis. A dinâmica do funcionamento dos resíduos de óleo de palma, desde o nível da produção de resíduos até à sua eliminação, possui elementos de desenvolvimento. Nenhuma parte do óleo de palma é um desperdício, mas a cultura das pessoas limitou a sua filosofia e capacidade de transformar a economia do Estado. (Adaptado de William e Banjo, 2017, um trabalho apresentado na CONFERÊNCIA DA ASSOCIAÇÃO DE GEÓGRAFOS NIGERIANOS DE 2017)

CAPÍTULO 6

APLICAÇÃO DO SISTEMA DE INFORMAÇÃO GEOGRÁFICA NA GESTÃO DE RESÍDUOS

O QUE É UM SISTEMA DE INFORMAÇÃO GEOGRÁFICA (GIS)?

O Sistema de Informação Geográfica (SIG) é um sistema que ajuda a captar, armazenar, analisar, gerir e apresentar dados que estão ligados a locais. O SIG é uma ferramenta utilizada para a análise de dados espaciais que combina cartografia, sistemas de desenho assistido por computador, estatística, matemática e informação espacial, edita dados, mapas e apresenta resultados de qualquer análise espacial ou não espacial (Chan 2007). O SIG ajuda a manipular dados no computador para estimular alternativas e tomar as decisões mais eficazes. Trata-se de funções muito distintas e poderosas que desempenham um papel importante no processo de tomada de decisões e de planeamento. As partes mais distintivas do SIG são as suas funções de análise espacial, ou seja, operações que utilizam dados espaciais para obter novas informações geográficas. As consultas espaciais e os modelos de processos desempenham um papel importante na satisfação das necessidades dos utilizadores. A combinação de base de dados, software SIG, regras e mecanismo de raciocínio (implementado como motor de inferência) conduz ao que por vezes se designa por sistema de apoio à decisão espacial (SDSS). Qualquer processo de tomada de decisão centrado em problemas que são influenciados pela informação geográfica é uma tomada de decisão espacial.

PROCESSOS NA APLICAÇÃO GIS

1. Instalar o software GIS - O software GIS inclui o Arc GIS 9.2, 10.2, 10.3, Erdas Imagine, etc. A melhor forma de o fazer é através de um engenheiro de software ou de alguém que saiba instalar software.
2. Dispor de um manual de formação SIG - É necessário dispor do manual da ciência da informação geográfica para poder seguir os procedimentos em pormenor durante a formação.
3. Inscrever-se numa formação em qualquer centro de consultoria especializado em SIG.
4. Seguir as orientações processuais do manual de formação durante a formação.
5. Tentar aplicar todos os pormenores da formação.

ETAPAS DA ANÁLISE GIS

1. Identificar um problema: No espaço, há uma variedade de problemas ambientais, pelo que a primeira fase desta análise consiste em identificar um problema a resolver.
2. Recolher dados no ambiente, ou seja, no espaço (dados espaciais), por exemplo, dados de transporte, dados de recolha de resíduos
3. Organizar os dados e introduzi-los no computador
4. Ter um mapa de base

5. Digitalizar o mapa de base ou obter dados de deteção remota em linha ou fora de linha (imagens Landsat ou outras imagens, imagem digital de elevação)

6. Digitalização e geocodificação / proceder à análise

GIS E GESTÃO DE RESÍDUOS

O sistema de informação geográfica é uma das tecnologias mais recentes que contribuíram para a gestão de resíduos num curto espaço de tempo. O SIG ajuda na análise espacial de decisões e na tomada de decisões.

Localização do sítio

A seleção de locais de aterro tem sido um problema experimentado ao longo dos anos. Vários investigadores descobriram também que a ausência do SIG como sistema de localização causou uma melhoria mínima na resolução de problemas de localização de sítios. Verificou-se que o SIG desempenha um papel significativo no domínio da localização de locais de eliminação de resíduos. Muitos factores surgem durante as decisões de localização de aterros e o SIG é ideal para este tipo de estudos preliminares devido à sua capacidade de gerir grandes volumes de dados espaciais de diferentes fontes.

No decurso da procura ou identificação de locais óptimos para os aterros, todos os atributos desejados. Parâmetros como a distância a estradas, habitações, infra-estruturas e exposição do solo a contaminantes lixiviados. A localização de uma eliminação de resíduos envolve o processamento de dados espaciais, regulamentos e critérios de aceitação, bem como uma correlação eficiente entre eles. A gestão da eliminação de resíduos deve ter em conta as componentes ambientais que são analisadas e modeladas espacialmente de forma eficiente utilizando o SIG.

Sumathi et al (2008), Nishanth et al (2010) descreveram o papel do SIG na gestão de resíduos sólidos. A gestão dos resíduos é muito importante para identificar a localização adequada dos aterros sanitários. Com a utilização adequada de tecnologias como o SIG, a gestão dos municípios e os administradores municipais resolvem os seus problemas mais facilmente e de forma mais eficaz. Muitas cidades em todo o mundo tentaram desenvolver software baseado em SIG para gerir e monitorizar a eliminação de resíduos, com muitos êxitos. Muitos programas informáticos SIG foram também utilizados na gestão de resíduos, embora com um grande esforço de adaptação e ajustamento, uma vez que a maior parte destes programas foram concebidos especificamente para a gestão e monitorização de resíduos, o que exige um conhecimento especializado do sistema. O elevado custo destas soluções genéricas constitui um obstáculo ao desenvolvimento de sistemas GIS nos países em desenvolvimento.

SISTEMA DE POSICIONAMENTO GLOBAL, DETECÇÃO REMOTA E GIS NA LOCALIZAÇÃO DE SÍTIOS

O sistema de posicionamento global é utilizado na identificação e captura de dados espaciais. O GPS lê as coordenadas e efectua a leitura dos pontos e das elevações onde os resíduos estão localizados. A deteção remota é uma aquisição em pequena ou grande escala de informações sobre um objeto ou fenómeno através da utilização de dispositivos de registo ou de deteção em tempo real, sem fios ou sem contacto físico ou íntimo com o objeto (Lilles e et al, 2004). A sua capacidade multiespectral proporciona um contraste adequado entre várias características naturais, enquanto a sua cobertura repetitiva fornece informações sobre as mudanças dinâmicas que ocorrem na superfície terrestre e no ambiente natural.

O SIG e a deteção remota são sistemas informatizados que podem ser integrados para obter soluções óptimas para um planeamento eficiente e eficaz da gestão de resíduos sólidos. As aplicações de SIG e GPS para captar e analisar dados espaciais vieram para ficar. Informações sobre a localização geográfica da gestão de resíduos sólidos urbanos (RSU), incluindo a recolha, o planeamento de rotas, a limpeza de lixeiras e a futura localização de locais de recolha, a fim de melhorar a qualidade dos recursos hídricos. Adulai, Hussen, Bukqua, Storing's (2015) aplicaram o SIG para identificar e mapear os sistemas de recolha de resíduos sólidos urbanos e avaliaram a adequação do sistema de recolha de contentores comunitários com base nas actividades de despejo no solo. Além disso, a investigação analisou o potencial de contaminação dos recursos hídricos subterrâneos, incluindo furos e poços escavados à mão, que podem resultar de um sistema inadequado de recolha de RSU.

Os sistemas de recolha de resíduos sólidos e as lixeiras podem ser cartografados para uma tomada de decisão e modelação adequadas. O processo de seleção e localização de locais é complexo e precisa de ser integrado com outras ferramentas de apoio à decisão, como os sistemas periciais (ES), o SIG e a avaliação multicritério (MCE) para uma seleção óptima. O SIG simplifica a procura de locais adequados para um determinado fim devido à sua capacidade de extração e classificação de características espaciais.

O SIG utiliza dados de deteção remota de imagens Landsat, instalações de dados globais, drones, etc., para localizar geograficamente os pontos exactos e a área onde se encontram os locais de eliminação de resíduos.

Após a identificação destes sítios, são tomadas as devidas considerações ambientais. Surgem questões como:

- Estes sítios estão próximos de residências de pessoas?
- Estes sítios estão situados na proximidade de unidades administrativas?
- Será adequado para as terras agrícolas?
- Irá degradar o solo, o ar e a água?

Quando os mapas dão uma imagem mais clara da sua localização, abrangendo a elevação, a proximidade dos cursos de água, a tendência para desaguar nos cursos de água, etc., as decisões são tomadas corretamente. A próxima secção apresentará mapas dos locais de eliminação de resíduos, do canal de águas residuais urbanas e das suas extensões. O estudo de caso é uma comunidade no mundo em desenvolvimento, de acordo com William (2016). O objetivo é compreender melhor a aplicabilidade do SIG à gestão de resíduos.

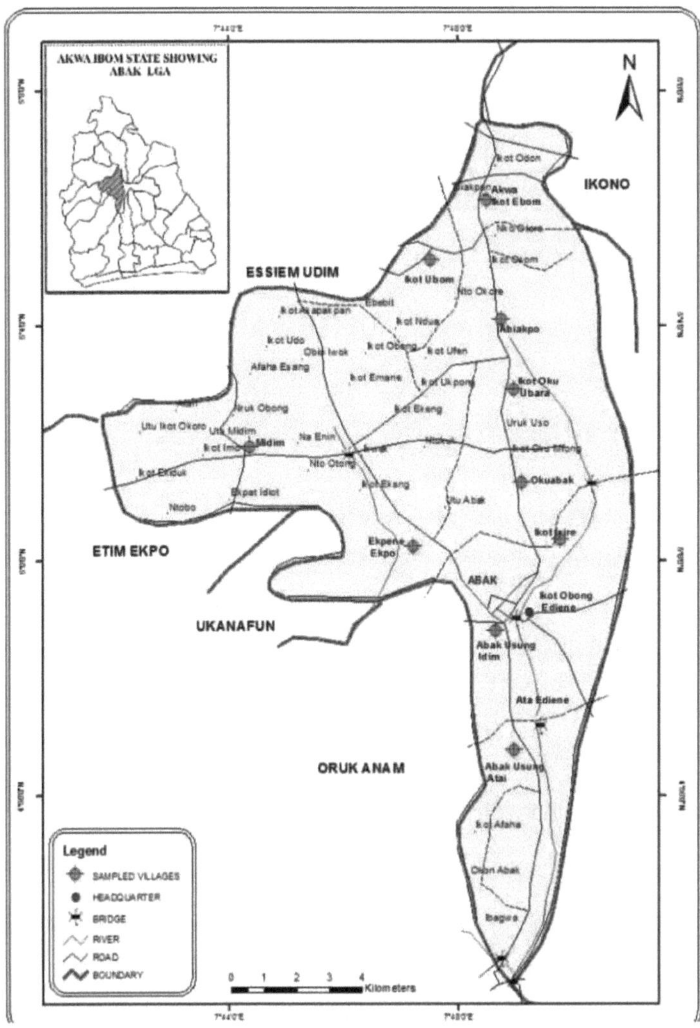

Fig. 6.1 Abak mostrando os pontos de maior descarga de resíduos

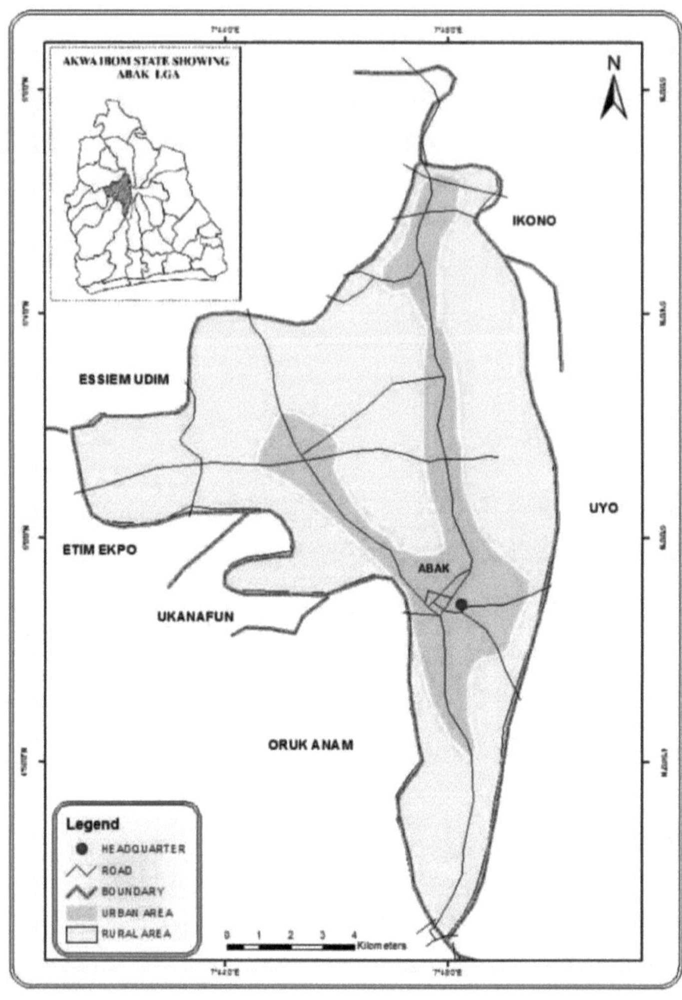

Fig. 6.2 Delineação das regiões de gestão de resíduos rurais e urbanos

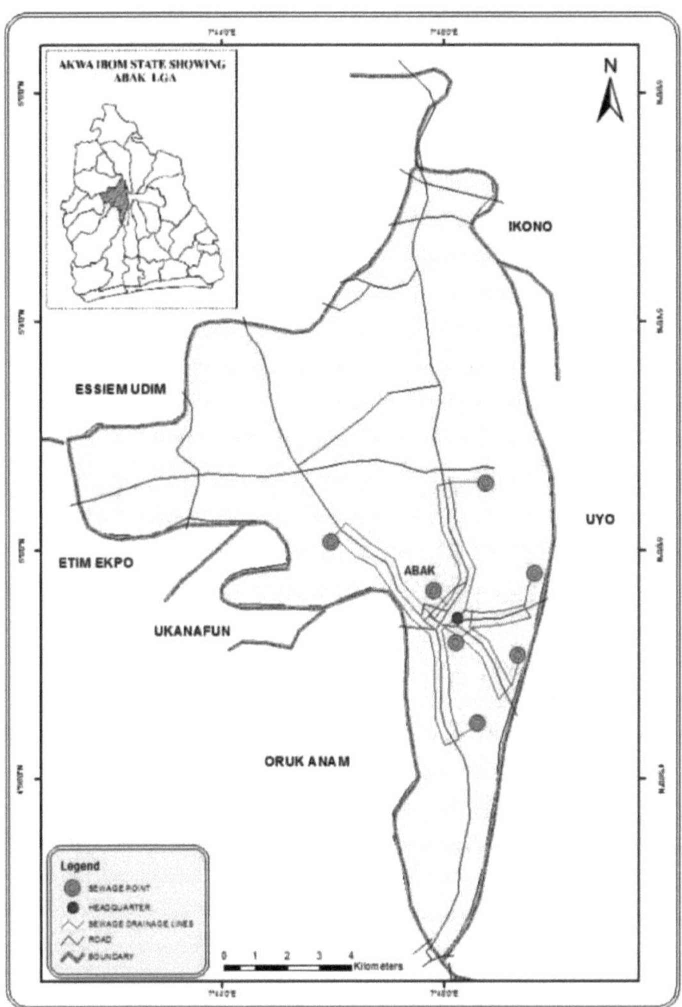

Fig. 6.3 Abak mostrando as linhas de drenagem de esgotos

CAPÍTULO 7

O PRESENTE E O FUTURO DA GESTÃO DE RESÍDUOS NOS PAÍSES EM DESENVOLVIMENTO

A gestão dos resíduos, enquanto fenómeno socio-ambiental global, predispôs a esfera urbana e rural a uma degradação ambiental consistente. Estas afectam relativamente a sobrevivência e a existência do homem. Ao longo dos anos, os países desenvolvidos adoptaram abordagens tecnológicas de alto nível para travar a ameaça associada à gestão de resíduos. Os esforços produziram resultados significativos, especialmente em cidades bem planeadas das nações desenvolvidas.

A história da gestão de resíduos nos países em desenvolvimento é, sem dúvida, revoltante, porque parece haver um retrocesso crescente na eficiência da gestão de resíduos. São envidados vários esforços para resolver as questões relacionadas com a eliminação de resíduos, mas há um atraso injustificado em relação à tendência de aceitação mundial dos eventos de gestão de resíduos.

O Depois da Gestão de Resíduos

Há cinquenta anos, em quase todas as cidades ou aldeias da Nigéria, seria difícil encontrar resíduos depositados em qualquer lugar, exceto as folhas que caíam das árvores e que acabavam por servir de alimento para as plantas. Os antigos habitantes dedicavam-se a diversas funções económicas primitivas que geravam resíduos à microescala. Os antepassados eram caçadores, pescadores, agricultores e comerciantes locais. Cada uma destas actividades produzia resíduos sólidos e líquidos. Os resíduos sólidos como papéis, plásticos, metais e sintéticos eram insignificantes.

Os comerciantes de óleo de palma que se dedicam à transformação quotidiana do óleo de palma, de tal modo que as fibras, os cachos vazios, etc. são eliminados em arbustos, espaços abertos, quintas e fossas. O seu principal interesse era produzir óleo para cozinhar. A produção em grande escala por produtores comerciais e a produção em pequena escala por produtores domésticos estavam a gerar resíduos. O processamento da mandioca também produzia resíduos em grandes quantidades. Os resíduos de cozinha também eram elevados. O facto é que estes resíduos eram rapidamente tratados pela natureza porque eram todos orgânicos. As espigas de milho durante a época da colheita do milho geravam uma grande quantidade de resíduos e eram distribuídas aleatoriamente nas praças dos mercados, nos espaços abertos das casas, nas ruas e nas bermas das estradas. Durante este período, entre abril e junho, toda a área estava cheia destes resíduos.

Os resíduos líquidos eram eliminados em qualquer ponto. Uma vez que não havia sanitas nem latrinas, eram cavadas fossas para os dejectos fecais humanos e, depois, os ribeiros, os arbustos (nessa altura, todo o espaço era arbustivo) e os terrenos agrícolas abandonados eram também locais de eliminação. A poluição das águas superficiais e subterrâneas era muito elevada. Os banhos e as lavagens eram efectuados diariamente nos ribeiros, uma vez que não havia água canalizada nem água de furos. Nesta altura, a gestão de resíduos sólidos era também muito pobre.

A atualidade da gestão de resíduos

Atualmente, a maioria dos países em desenvolvimento depara-se com problemas de gestão de resíduos dignos de nota (Egong, Ndubusi-Nnaji & Ofon, 2016). As comunidades nigerianas estão classificadas entre os principais locais de gestão indiscriminada de resíduos. Inam (2016), citando o relatório da OMS (2016), afirmou que "quatro das piores cidades do mundo afectadas pela poluição atmosférica situam-se na Nigéria: Onitsha, 4th, Kaduna, 5th, Aba, 6th e Umuahia, 16th. Estas cidades são centros comerciais com grandes volumes de resíduos sólidos urbanos.

Há muitos anos, os resíduos sólidos eram produzidos sobretudo nas zonas urbanas, mas atualmente as zonas rurais também produzem resíduos em quantidades razoáveis. O problema da eliminação de resíduos é cada vez mais grave, com caixotes do lixo a transbordar, grandes quantidades de lixeiras a céu aberto, queimas pouco éticas e aterros insalubres. É verdade que a natureza tem a propensão para decompor, degradar e eliminar os resíduos, mas as esferas biológica, hidrológica, atmosférica e litológica do ambiente são influenciadas de forma deletéria, causando desequilíbrio ecológico e desestabilização geomórfica.

Atualmente, não há praticamente nenhuma aldeia ou zona urbana em que se sinta satisfeito com o estado da gestão dos resíduos. Em muitas comunidades do mundo em desenvolvimento, é problemático encontrar um sítio onde se possa dar um passeio descansado e sentir o cheiro do ar fresco. A fragrância horrível dos resíduos em decomposição junto à estrada, perto de mercados e mesmo perto de um centro comercial são alguns indícios de um sistema de gestão de resíduos deplorável na zona. O estado deplorável da gestão dos resíduos sólidos é o mesmo em todo o país, especialmente nas comunidades altamente económicas.

O rápido aumento do volume de resíduos sólidos devido à constante ânsia de consumo de deitar fora o indesejado e adquirir um novo sem ter em conta a reciclagem criou problemas mais complexos. Por conseguinte, aumentou a taxa de produção de resíduos sólidos. Muitos indivíduos acreditam em consumir, consumir e continuar a consumir. O grande fosso entre o mundo desenvolvido e o mundo em desenvolvimento em matéria de gestão de resíduos aumenta diariamente e, da forma como estamos a proceder, o ambiente continua a ser física, estética, económica, social, química e patologicamente insustentável.

S/N	Method	Merits	Demerits
1	Open Dump	Easy to Mange; low investment and operating cost; can be put into operation in a short time	Unsightly; breeds diseases carrying pests; foul odours; causes air pollution when wastes are burnt; can contaminate groundwater trough leaching and runoff; can damage ecological valuable markets and wetlands
2	Littering	Easy	Unsightly; expensive to clean up; wasteful.
3	Sanitary landfill	Easy to manage; relatively low initial investment costs; can be put into operation in a short land, time; if properly designed and operated, minimizes pest,	Aesthetic damage, diseases, air pollution and water pollution problems; methane gas produced by waste decomposition can be used as fuel. Can degenerate into an open dump if not properly designed and managed; requires large amount of waste resources; difficult to find sites because of rising cost; leaching may cause water pollution; methane gas from decomposing wastes; can create fire or explosion hazards; obtaining adequate cover material sites is costly.
4	Incineration	Removes odours and diseases carrying organic matter; reduces the volume of waste by at least 80%; extends life of landfills; requires little land; can produce some income from salvage metals and glass and use of waste heat for domestic purposes	High initial investment; high operating costs; frequent and costly maintenance and repairs; requires skilled operator; resulting residues and fly ash must be disposed off; causes air pollution unless very costly controls are installed; fine particle-air Pollution; wastes some resources.
5	Composting	converts organic wastes to soil conditioner than can be sold for use on land; moderate operating costs; most disease-causing bacteria are destroyed Can be used only for organic waste; waste must be separated;	Limited market as most people are not aware of the use of soil conditioners.
6	Scavenging	Helps in recycling of waste; reduces waste of resources; extends life of landfills; can provide a source of income for the Poor	Requires market for recovered materials; profitable only with high volume of waste; workers exposed to health hazards.
7	Resource recovery	high public acceptance; properly designed and operated; produces very little air and	High initial investment; high operating costs; technology for many operations

		waste pollution; reduces waste of resources; extends life of landfills; can provide a source of income for people in the informal sector; can be a source of domestic energy; may be easier to find site than landfill	not fully proven; requires market for recovered materials or energy produced; costly maintenance and repairs; requires skilled operation; can cause air pollution if not properly controlled; profitable only with high volume of waste; discourages low technology sustainable earth approach.

Fonte: Haggai (2007), "Gestão de Resíduos Sólidos na Nigéria: Problems and Prospects.

O CAMINHO A SEGUIR

ESFORÇOS DE INVESTIGAÇÃO

O trabalho começa com profissionais que se dedicam ao estudo da gestão de resíduos em diferentes instituições de ensino. Há um debate sobre o facto de a investigação sobre a gestão de resíduos ser muito vasta entre os estudantes e de isso dever ser restringido. Este é um dos erros que os académicos cometem. A investigação não se baseia no título, mas o objetivo principal é estabelecer um quadro que resolva uma série de problemas. Diferentes estudantes de investigação enfrentaram vários problemas para discutir e o mais fascinante de todos é aquele que conduz à direção dos problemas baseados na comunidade. É bom louvar os esforços do Centro Internacional de Investigação Energética e Ambiental pelo último seminário internacional intitulado "Gestão de resíduos e contaminação dos solos". Acertaram em cheio na questão ambiental recorrente na Nigéria, uma vez que académicos de diferentes disciplinas e instituições vieram interagir e trocar ideias sobre o assunto. O Centro de Zonas Húmidas e Gestão de Resíduos da Universidade de Uyo também está a decorrer. A Autoridade de Gestão de Resíduos de Lagos (LAWMA) e as Associações de Gestão de Resíduos (a nível nacional e internacional) têm envidado esforços. No entanto, poucas actualizações da investigação captaram os principais motores e as influências nos eventos de gestão de resíduos. Por conseguinte, deve ser dada prioridade à investigação sobre a gestão de resíduos.

RESPONSABILIDADE LUCIDEZ

Deve haver uma divisão clara de papéis, responsabilidades e competências entre os actores individuais do sistema de gestão de resíduos. Deveria haver um papel claro a desempenhar pelo governo estatal, pelo governo local, pelas empresas de gestão de resíduos e pelos produtores de resíduos. Para tal, o governo deve lançar uma campanha de esclarecimento/consciencialização sobre o trabalho de gestão de resíduos. Workshops como o ICEESR 2016 devem ser frequentados por estes indivíduos e devidamente financiados pelo governo. Além disso, deve ser dada prioridade à formação do pessoal. Para garantir que qualquer organização seja orientada para o produto, tem de ter um programa de formação adequado. Recomenda-se vivamente um programa de formação bem articulado e elaborado que satisfaça as necessidades de formação das agências de gestão de resíduos relativamente à gestão e ao pessoal, especialmente a formação de expatriados que satisfaça as exigências modernas da gestão de resíduos, como a conversão de resíduos.

APOIO FINANCEIRO ÀS AGÊNCIAS DE GESTÃO DE RESÍDUOS

Sugere-se que haja um aumento das subvenções concedidas às agências de gestão da administração pública pelos governos local, estadual e federal. Este aumento contribuirá para a realização dos objectivos das agências de gestão de resíduos para um desempenho mais eficaz. No entanto, o público também deve ser encorajado a cumprir as suas expectativas de pagamento das tarifas relativas ao volume de resíduos que gera.

ELIMINAÇÃO DE ALGUMAS LIXEIRAS INSALUBRES

A remoção monótona das lixeiras insalubres, especialmente em locais onde residem pessoas, deve ser introduzida para aumentar as irritações que surgem de algumas das lixeiras indiscriminadas. Um projeto nacional de evacuação de resíduos de lixeiras ilegais para aterros sanitários recém-construídos é fortemente recomendado para um ambiente mais saudável.

O DESPERTAR DO GOVERNO PARA AS REALIDADES, A IMPLEMENTAÇÃO DOS OBJECTIVOS E A APLICAÇÃO DAS AGÊNCIAS

O exercício mensal de saneamento ambiental do Estado deve ser encorajado. Todos devem ser obrigados a participar, enquanto os incumpridores devem ser punidos. O governo deve apoiar a execução prática da infraestrutura física de gestão de resíduos sólidos, como o fornecimento de veículos, equipamento de recolha, estações de tratamento, incineradoras, construção de aterros sanitários e educação pública contra comportamentos incorrectos, etc. As leis relevantes em matéria de saneamento ambiental têm de ser aplicadas aos incumpridores no que respeita à sua obrigação de alcançar um ambiente saudável e sanitário sustentável.

A política e a regulamentação nigerianas em matéria de gestão de resíduos devem basear-se na hierarquia de resíduos internacionalmente aceite e reconhecida da seguinte forma

- ❖ O governo deve definir programas para evitar a produção de resíduos
- ❖ Deve haver um máximo de reciclagem e recuperação de materiais para apoiar os recursos naturais cada vez mais escassos
- ❖ Recuperação óptima do conteúdo energético dos resíduos ou compostagem para fins agrícolas Utilização mínima de aterros sanitários, mas cada cidade ou localidade deve ter um aterro sanitário aprovado para os resíduos que têm de ser aterrados.

Recomenda-se também que o governo estadual adquira periodicamente para a WMA máquinas/equipamentos de trabalho adequados que satisfaçam a necessidade de um método científico de gestão da eliminação de resíduos. Isto deve-se ao facto de exigirem capital e necessitarem de muitos fundos. O equipamento melhorará o desempenho da WMA no sentido de uma gestão sustentável da eliminação de resíduos. A recolha de resíduos perigosos nos pontos de recolha deve ser segura, protegida e efectuada de forma ambientalmente correcta.

APLICAÇÃO DO SISTEMA DE INFORMAÇÃO GEOGRÁFICA (GIS)

O SIG é, de facto, uma ferramenta relevante para capturar locais e geocodificar a extensão espacial da degradação causada pelos sistemas de gestão de resíduos e, em seguida, ter uma visão observável antes de se envolver em eventos de gestão de resíduos

AVALIAÇÃO/ AUDITORIA DO IMPACTO AMBIENTAL

Os sítios de resíduos devem ser situados com base no facto de o ambiente associado ser sustentável no decurso da gestão de resíduos. Por conseguinte, o inventário de resíduos deve ser modelado e os impactos examinados de modo a propor soluções adequadas para os problemas. Deveria haver uma auditoria mensal ou trimestral para avaliar os impactos do projeto e as medidas de mitigação aplicadas

RECICLAGEM DE RESÍDUOS

Devem ser mobilizados e canalizados mais recursos para a reciclagem e reutilização de resíduos recicláveis. Por conseguinte, também significa que o público precisa de ser educado para separar os resíduos nos seus vários componentes desde o ponto de geração. Os modelos LCA, SFA e ORWARE são altamente recomendados para motivar a reciclagem.

WASTENOMICS/DESENVOLVIMENTO GEOGRAFIA DOS RESÍDUOS

Os geradores de resíduos são locais e os seus impactos, bem como a sua gestão, são específicos da fonte. A Wastenomics e a geografia do desenvolvimento colaboram para examinar o valor dos resíduos por área, tanto quantitativa como qualitativamente. Por conseguinte, estas medidas são recomendadas:

(1) Um programa funcional de capacitação com base na comunidade seja organizado pelo Os Centros de Gestão Ambiental, como o Centro de Gestão de Resíduos, o Centro de Investigação em Energia e Sustentabilidade Ambiental, o Projeto Eroflod Limited, os Institutos de Geografia e Desenvolvimento Ambiental, em colaboração com o Ministério do Ambiente, a Comissão de Gestão de Resíduos, as agências de Desenvolvimento Rural e de Recursos e outros organismos paraestatais do governo, incluindo membros da Assembleia Nacional e do Estado, para desenvolver a economia local a partir de recursos de resíduos orientados para a riqueza.

(2) Mais investigações devem centrar a atenção na forma de combater a expansão da armadilha da pobreza e a deterioração do desenvolvimento em áreas com riqueza de materiais classificados como resíduos. Os estudos modernos devem avaliar o ciclo de vida da produção e dos projectos para que todos os resíduos identificados sejam quantificados e, em seguida, explorar as lacunas que faltam na sua utilização.

(3) A necessidade de aplicação da recuperação de recursos na gestão de resíduos não deve ser demasiado enfatizada devido à sua capacidade de produzir muitos mais bens a partir do chamado nada.

(4) A comunidade, o estado e o país devem efetuar um inventário dos resíduos como recursos, para que os indivíduos que se dedicam à exploração valorizem os recursos e os explorem de forma sustentável para o desenvolvimento intergeracional.

BIOTECNOLOGIA NA GESTÃO DE RESÍDUOS

O que é a biotecnologia? A biotecnologia é a utilização de técnicas microbianas e bioquímicas modernas para resolver problemas práticos que afectam o homem e o seu ambiente. Trata-se de uma indústria multimilionária que alterou todos os aspectos da vida. No domínio da gestão ambiental, a biotecnologia contribuiu para o desenvolvimento de estirpes bacterianas capazes de degradar substâncias químicas tóxicas.

O que é a Bio-Remediação? A biorremediação é a utilização de organismos naturalmente melhorados e geneticamente modificados para mitigar o efeito dos poluentes, utilizando-os para tratar compostos perigosos em locais contaminados. Pode também ser definida como um processo em que os microrganismos são utilizados para transformar substâncias nocivas em compostos não tóxicos. Trata-se de um processo natural, que já está a ser extremamente útil no tratamento de esgotos municipais, efluentes da refinação de petróleo e derrames de petróleo em terra. Isto deve-se ao facto de os microrganismos degradarem um grande número de substâncias tóxicas.

Abordagens à bio-remediação: Existem dois métodos principais de bio-remediação;

(a)   **Bioestimulação:** Trata-se de identificar as condições ambientais, como a concentração excessivamente elevada de resíduos, o pH desfavorável, a falta de oxigénio, a humidade e a temperatura desfavorável, que limitam a taxa de degradação dos poluentes no ambiente. Uma vez eliminadas estas condições ambientais limitantes, a bioestimulação tem lugar como resultado do enriquecimento espontâneo dos microrganismos adequados.

(b)   **Bio-augmentação**: A bio-engenharia ou engenharia genética é uma forma importante de criar microrganismos com a capacidade de degradar uma vasta gama de poluentes. Dado que a biorremediação depende da capacidade de biodegradação dos microrganismos em contacto com os poluentes, alguns investigadores defenderam a sementeira de locais poluídos com bactérias que degradam os poluentes. Este método é designado por bio-augmentação porque aumenta as capacidades metabólicas da população microbiana indígena.

A bio-augmentação envolve a introdução de microrganismos no ambiente natural com o objetivo de aumentar a taxa de extensão ou ambos da biodegradação de poluentes. Várias empresas comerciais comercializam atualmente produtos de controlo da poluição microbiana, incluindo micróbios secos ou líquidos inoculados com ou com aditivos nutritivos para a remoção de poluentes petrolíferos.

Não há dúvida de que a introdução de culturas microbianas e, mais importante ainda, de microrganismos geneticamente modificados no ambiente para fins de bioremediação pode ter os seus perigos, devido ao potencial de danos ecológicos. É necessária uma investigação científica intensa sobre a natureza deste problema para esclarecer completamente as coisas. Estes esforços de investigação devem ser acompanhados de regulamentação governamental.

Vantagens da Bio-remediação

(i)   A abordagem não é dispendiosa quando comparada com os métodos físicos de descontaminação do ambiente.

(ii)   Trata-se de um processo natural ecologicamente correto. O processo de bioremediação é cuidadosamente monitorizado para garantir que o subproduto não se torna mais tóxico do que o poluente original.

(iii)   Em vez de se limitar a transferir os contaminantes da terra para o ar, como acontece na incineração, a biorremediação destrói o efluente alvo no local.

(iv)   A biorremediação pode muitas vezes ser realizada no local onde o problema está localizado, eliminando assim a necessidade de deslocar grandes quantidades de resíduos contaminados do local, bem como os potenciais riscos para a saúde humana e para o ambiente que podem surgir devido ao transporte.

Desvantagens

(i)   A biorremediação não pode ser efectuada no local, mas sim no laboratório. As amostras do local contaminado têm de ser primeiro recolhidas. Identificadas, caracterizadas, testadas e analisadas para selecionar os micróbios certos para o trabalho.

(ii)   A limpeza de sítios contaminados com recurso à biorremediação é muitas vezes mais demorada do que outras medidas de reparação, como a incineração. Em conclusão, é necessário desenvolver e projetar técnicas de biorremediação que sejam adequadas a sítios com uma mistura complexa de contaminantes.

(Adaptado de Ukpong, 2009)

REFERÊNCIAS

Aderemi, A.O. and Falade, T.C. (2012) Environmental and Health Concerns Associated with the Open Dumping of Municipal Solid Waste: A Lagos, Nigéria Experience. American Journal of Environmental Engineering, 2, 160-165. http://dx.doi.org/10.5923/j.ajee.20120206.03

Adewole, A.T. (2009) "Waste management towards sustainable development in Nigeria: A case study of Lagos state," International NGO Journal, vol. 4, no.40, pp. 173-179,

Adeyemo, F.O. e Gboyesola, G.O. (2013) Conhecimento, Atitude e Práticas de Gestão de Resíduos das Pessoas que Vivem na Área Universitária de Ogbomso, Nigéria. Revista Internacional de Ecologia Ambiental, Estudos Familiares e Urbanos, 3, 51-56.

Adogu, P.O.U., Uwakwe, K.A., Egenti, N.B., Okwuoha, A.P. e Nkwocha, I.B. (2015) Assessment of Waste Management Practices among Residents of Owerri Municipal Imo State Nigeria. Journal of Environmental Protection, 6, 446-456. http://dx.doi.org/10.4236/jep.2015.65043.

Ahmad, A.L., Loh, M.M. e Aziz, J. A. 2007 Preparação e caraterização de carvão ativado a partir de madeira de palma e sua avaliação na adsorção de azul de metileno. Corantes e Pigmentos 75: 263-272

Alloway, B.J., Jackson, A.P., Morgan, H. (1990). The accumulation of cadmium by vegetables grown on soils contaminated from a variety of sources. Science Total Environment, 91, 223-236

Amadi, A.N. Ameh, M.I. e Jisa, J. (2010). O impacto das lixeiras na qualidade das águas subterrâneas na metrópole de Makurdi, estado de Benue. Nature, Appied. Science Journal, 11 (2), 143-152.

Amusan, A. A., Ige, D.V., e Olawale, R. (2005). Características dos solos e absorção de metais pelas culturas em lixeiras de resíduos urbanos na Nigéria Journal of Human Ecology,17, 167-171.

Amusan, A. A., Ige, D.V., e Olawale, R. (2005). Características dos solos e absorção de metais pelas culturas em lixeiras de resíduos urbanos na Nigéria Journal of Human Ecology,17, 167-171.

Asuamah, S.Y., Kumi, E. e Kwartenge, E. (2012) Atitude em relação à Reciclagem e Gestão de Resíduos. Science Edu-cation Development Institute, 2, 158-167.

Awomeso, J. A., Taiwo, A. M., Gbadebo, A. M., Aromoro, A. O. (2005).Eliminação de resíduos e gestão da poluição em áreas urbanas. A workable remedy for the environment in developing contries. American Journal of Environmental Science, 6(1), 260-263.

Ayodeji, I. (2012) Sensibilização para a gestão de resíduos, conhecimentos e práticas dos professores do ensino secundário no Estado de Ogun, Nigéria. The Journal of Solid Waste Technology and Management, 37, 221-234.

Bacud, L., Sioco, F. e Majain, J. (1994). Um estudo descritivo da qualidade da água dos poços de água potável em torno da lixeira de Payatas. Tese de licenciatura não publicada. Tese, Faculdade de Saúde Pública da Universidade das Filipinas

Bahurmiz, O.M. and Ng, W.K. 2007 Effects of dietary palm oil source on growth, tissue fatty acid composition and nutrient digestibility of red hybrid tilapia, Oreochromis sp., raise from stocking to marketable size. Aquaculture 262: 382-392.

Banga, M. (2013) Conhecimentos, Atitudes e Práticas dos Agregados Familiares na Segregação e Reciclagem de Resíduos Sólidos: The Case of Urban Kampala. Jornal de Ciências Sociais da Zâmbia, 2, 27-39.

Bhartia, S. C. (2011). Environmental Pollution and Control in Chemical Process Industries, Khanna Publishers 2nd Edition.

Bianchini, A.; Pellegrini, M.; Saccani, C. (2011) Material and energy recovery in integrated waste management system-An Italian case study on the quality of MSW data. Waste Management. 31, 2066-2073.

Bjuggren, C.1998. Análise de Sistemas Ambientais de Preparação de Alimentos e Gestão de Resíduos para uma Melhor Reciclagem de Nutrientes. Tese de licenciatura, Ecologia Industrial, Departamento de Engenharia Química, Instituto Real de Tecnologia, TRITA 1998:15, Estocolmo, Suécia.

Callegari, A.; Torretta, V.; Capodaglio, A.G. (2013) Aplicação experimental preliminar da dessulfonação biológica em digestores anaeróbios de explorações suinícolas. Environ. Eng. Manag. J. 12, 815-819.

Chapel, A. (1986). Fertilização foliar. Em Matinis Nijhoff Dordrechi, A. Alexander ed. Stittgart, Pp. 16-86 399

Chen, C.C. A performance evaluation of MSW management practice in Taiwan (2010). Reciclagem e conservação de recursos. 54, 1353-1361.

Chowdhury, M. Searching quality data for municipal solidwaste planning (Procura de dados de qualidade para o planeamento dos resíduos sólidos urbanos). Gestão de resíduos. (2009) 29, 2240-2247.

Cointreau, S.J. (1982). "Gestão ambiental de resíduos sólidos urbanos em países em desenvolvimento, um guia de projeto". Departamento de Desenvolvimento Urbano, Banco Mundial.   Recuperado em 5 de março de 2012 de
    http://www.worldbank.org/html/fpd/urban//solidwm/techpaper 5.pdf

Davies, B. E. (1983). Uma estimativa gráfica do teor normal de chumbo de alguns solos britânicos. Geoderma, 29, 67-75. 400

Ebong, G.A., Etuk, H.S. e Johnson, A.S. (2007). Acumulação de metais pesados pelo Talinum triangulare cultivado em lixeiras na metrópole de Uyo, Journal of Applied Sciences, 7 (10), 1404-1409.

Edem, S. O., Effiong, G. S. e Umoh, G. S. (1998) Wetlands of Akwa Ibom State: Utilização e práticas actuais de uso da terra, Nigeria J. Agric. Tech. 7:13-24.

Egbuchua C.N. (2012): Características pedagógicas de alguns solos aluviais no Estado do Delta. Jornal Nigeriano de Investigação do Solo e do Ambiente 9:65-70.

Egong, E. J., Ndubuisi-Nnaji, U.U. e Ofon, U. A (2016). Microbiological and Physicochemical Analyses of Soil Samples Adjoining a Major Landfill in Uyo, Akwa Ibom State, Nigeria. in Inam, E., Widmer, K., and Odon, A. (eds.). Actas do Segundo Workshop Internacional sobre Gestão de Resíduos e Contaminação de Solos. Programa Conjunto UNIUYO & GIST em Colaboração com a Universidade de Lancaster, 13-16 de junho de 2016, Uyo, Nigéria

Enete, I. (2010) Potential Impacts of Climate Change on Solid Waste Management in Nigerian (Potenciais Impactos das Alterações Climáticas na Gestão de Resíduos Sólidos na Nigéria). Jornal do Desenvolvimento Sustentável em África, 12, 101-103.

Environmental Canada (1997), "Review of the Impact of Municipal Wastewater Effluents on Canadian water and human health", Ecosystem Science Directorate, Environmental Conservation Service, documento de trabalho, Environmental Canada.

Saúde Ambiental. [Online]. pp. 1. Disponível: http:www.who.int/topics/
Comissão Europeia. Resíduos produzidos e tratados na Europa - Relatório (2011). Disponível em linha: http://epp.eurostat.ec.europa.eu (acedido em 13 de maio de 2013). Governo da Roménia. NWMP - Plano Nacional   de   Gestão   de   Resíduos   2011.   Disponível   em   linha:
    http://www.anpm.ro/planul_national_de_gestionare_a_deseurilor-8218
(acedido em 4 de junho de 2014).

Eynard, F., Mez, K. e Walther, J.L. (2000), "Risk of Cyanobacterial Toxins in Riga waters (LATVIA)", Water Research Journal, Volume 34, Número 11, agosto de 2000, pp. 2979-2988.

Fairhurst, T.H. e Mutert, E. 1999 Introdução à produção de óleo de palma. Better Crops International 13: 1-6. FAOSTAT http://faostat.fao.org (18 set. 2008).

Fairhust, T. e R. Hardter (2003). Palma de óleo: Management for Large and Sustainable Yields. Potash and Phosphate Institute of Canada; Programas do Leste e Sudeste Asiático, 382 pp.

Falomo, A.A. (1995) City Waste as a Public Nuisance. Trabalho apresentado na Conferência Anual de agosto de 1995 da Sociedade Ambiental Nigeriana, Lagos
Fantola, A. e Oluwade, L. (1996). Gestão de Resíduos Sólidos na Universidade de Ibadan, Jornal Africano de Ciência e Tecnologia, 2 (2): 25-46

Farlex (2014). Eliminação de esgotos. [Online].   pp. 1. Disponível: http://encyclopedia2.thefreedictioanry.com

Finnveden, G. 1998. On the possibilities of Life-Cycle Assessment - Development of methodology and review of case studies, Tese de Doutoramento em Gestão de Recursos Naturais, Departamento de Ecologia de Sistemas, Universidade de Estocolmo, Estocolmo, Suécia.

Giusti, L. Uma revisão das práticas de gestão de resíduos e do seu impacto na saúde humana. (2009)Waste Management . 29, 2227-2239.

Haggai, K.T.(2007). Gestão de Resíduos Sólidos na Nigéria: Problems and Prospects. Trata-se de um projeto apresentado ao National War College, Abuja, Nigéria.

Hartley, C. W. S. (2000) The oil Palm (3rd ed.) Londres e Nova Iorque: Longman 806 pp. Ibrahim, A. (2001): Global Market Prospect for Oil Palm Oil. 2001 PIPOC inter palm congress. Pp10-12

Hespanhol, I. (1992), "Wastewater as a resource for beneficial use in Brazil", Centro Internacional de Referência em Reutilização de Água-IRCWR, Universidade de São Paulo, Brasil.

Hoak, O.L; O.T. Meng; A.B. Na; T. K. Siang (2001) A New Method of Clearing Oil Palm for Replanting. Actas do Congresso Internacional de Palma de Óleo PIPOC 2001 (Agricultura) 151-158.

Hoornweg, Daniel & Laura Thomas (1999)" What A Waste: Solid Waste Management in Asia". Série de documentos de trabalho, Unidade do Sector do Desenvolvimento Urbano, Região da Ásia Oriental e do Pacífico, p.5.

Ibrahim, M.N.M., Nadiah, M.Y.N., Norliyana, M.S., Sipaut, C.S. e Shuib, S. 2008 Separação da vanilina da lenhina do cacho de frutos vazios da palmeira. Clean-Soil, Air, Water 36: 287-291.

Inam (2016) Discurso de boas-vindas do Diretor, Centro de Investigação em Energia e Sustentabilidade Ambiental, Universidade de Uyo. Actas do Workshop Internacional de Gestão de Resíduos e Contaminação de Solos Centro de Investigação em Energia e Sustentabilidade Ambiental, Universidade de Uyo

Iriarte, A.; Gabarrell, X.; Rieradevall, J. (2009) LCA of selective waste collection systems in dense urban areas. Waste Management. 29, 903-914.

Isa, M.H., Ibrahim, N., Aziz, H.A., Adlan, M.N., Sabiani, N.H.M., Zinatizadeh, A.A.L. e Kutty, S.R.M. 2008 Removal of chromium (VI) from aqueous solution using treated oil palm fibre. Journal of Hazardous Materials 152: 662-668.

Izugbara, C.O. e Umoh, J.O. (2004) Práticas indígenas de gestão de resíduos entre os Ngwa do sudeste da Nigéria. The Environmentalist, 24, 87-92. http://dx.doi.org/10.1007/s10669-004-4799-4

Kamarudin, N., Moslim, R., Arshad, O., Wahid, M.B. e Chong, A. 2007 Potencial de utilização de escaravelhos rinocerontes (Oryctes rhinoceros) como suplemento alimentar para peixes ornamentais. Journal of Oil Palm Research 19: 313-318.

Karadi, Gabor M., e Huang, Jerry Y. C. (2009) " Sewage Disposal" Microsoft Encarta [DVD]. Redmond, W. A. Microsoft Corporation, 2008.
Kris, M. (2007), "Wastewater Pollution in China", disponível em http://www.dbc.uci/wsu (acedido em 12 de janeiro de 2013).

Lawal, A.S.D. (2004) Composition and Special Distribution, Solid Waste Collection Points in Urban Katsina, Northern Nigeria. The Environmentalist, 24, 62-64.

Matejicek, L. e Benesova, L. (2002a). Modelação da poluição ambiental em áreas urbanas com SIG: The 1st Biennial meeting of International Environmental Modelling and Software Society, Lugano, Switzerland, Pp 61-66

Moeller, D. W. (2005). Environmental Health (3ª ed.). Cambridge, MA: Harvard University Press.

Odetola A. A. e Awoniyi, A. I. (2007) "Sewage disposal facilities management through geographic information system," Environment Watch, vol. 3, no. 1, pp. 271278,.

Ogola, J.S., Chimuka, L. e Tshivhase, S. (2011) Management of Municipal Solid Wastes: A Case Study in Limpopo Province, South Africa, Integrated Waste Management. Vol. I. http://www.intechopen.com/books/integrated-waste-management-   volume-i/management-of-municipal-solid-wastes-a-case-study-in-limpopo-province- south-africa

Okoh, A.T., Odjadjare, E.E., Igbinosa, E.O. e Osode, A.N. (2007), "Wastewater treatment plants as a source of microbial pathogens in receiving water sheds", African Journal. Biotechnology, Vol. 6 No. 25, pp. 2932-2944.

Osuji Steve (1994): No Man's Environment; The African Guardian.

Paillard, D., Dubois, V., Thiebaut, R., Nathier , F., Hogland, E., Caumette, P. e

Quentine, C. (2005), "Occurrence of Listeria spp. In effluents of French urban wastewater treatment plants", Journal of Applied Environmental Microbiology, Vol. 71 No. 11, pp. 7562-7566.

Paramanthan, S. (2003) Land Selecction for Oil Palm. Em Fairhust, T. e R. Hardter (2003). Oil Palm: Management for Large and Sustainable Yields. Potash and Phosphate Institute of Canada; East and South East Asia Programmes, 382 pp.

Ramachandran, S., Singh, S.K., Larroche, C., Soccol, C.R. e Pandey, A. 2007 Oil cakes and their biotechnological applications-a review. Bioresource Technology 98: 2000-2009.

Simorangkir, D. 2007 Uso do fogo: é realmente o método de preparação do solo mais barato para plantações em grande escala? Mitigation and Adaptation Strategies for Global Change 12(1): 147-164.
Smith, B.F. e Enger, E.D. (2000). Environmental Science: A Study of Interrelationships, McGraw Hill Companies, New York, Pp 21-25

Sridhar, M. K. C. (2013) Um artigo apresentado na Conferência Nacional sobre o Meio Ambiente - Tema: Gerir o nosso ambiente para um futuro sustentável e seguro, organizado pela Comissão do Ambiente da Câmara dos Representantes, Transcorp Hilton, Abuja, 20-21 de maio de 2013.

Sridhar, M. K. C. e Hammed, T. B. (2014). Transformando resíduos em riqueza na Nigéria: An Overview J Hum Ecol, 46(2): 195-203.

Sridhar, M.K.C (1996), Women in Waste Management, um documento de seminário patrocinado pela LHWP e pelo British Council para o Seminário sobre a Educação das Mulheres para a Gestão Ambiental Sustentável, Owerri, Nigéria. 5-7 de março

Relatório sobre o estado do ambiente em Gujarat (2012). Situação da gestão de resíduos nas zonas urbanas e rurais de Gujarat. Ambiente Urbano, Rural e Construído, Gujarat, Índia.

Tangchirapat, W., Saeting, T., Jaturapitakkul, C., Kiattikomol, K. e Siripanichgorn, A. 2007 Utilização de cinzas residuais da indústria do óleo de palma em betão. Waste Management 27: 81-88.

Torretta, V.; Ionescu, G.; Raboni, M.; Merler, G. (2014). O balanço de massa e energia de uma solução integrada para o tratamento de resíduos sólidos urbanos. WIT Trans. Ecol. Environ. 180, 151-161.

Toze, S. (1997), "Microbial Pathogen in Wastewater", Journal of Water Resources, Vol. 33, No. 17, pp. 3545 -3556, 1999.

Trulli, E.; Torretta, V.; Raboni, M.; Masi, S. Incineração de resíduos sólidos urbanos (RSU) pré-tratados para co-geração de energia numa área não densamente povoada. Sustainability 2013, 5, 5333-5346.

Uchegbu, N. Smart (2002) Environmental Management and Protection. Spotlite Publishers, Enugu.

Udo, B. U. (2007) Characteristics of inland valley and floodplain soils in Akwa Ibom State. Tese de Mestrado, Departamento de Ciência do Solo, Universidade de Uyo, Uyo Nigéria.

Uffot, U. (2012): Solo e Ambiente. Shadows Publishers Limited, Owerri.

Ukpong(2009). Perspectivas da Gestão Ambiental. Clube de Sistemas Ambientais inc.

UN-Habitat (2010) Solid Waste Management in the World's Cities: Water and Sanitation In the World's Cities 2010, Washington DC: Earth scan publications.

Uwakwe, V. (2012). Gestão de resíduos sólidos: Um estudo de caso de Eneka, Portharcourt, Estado de Rivers. Obtido em hyattractions.wordpress.com/2012/05/19/ solidwaste management-a-case-study-of eneka-portharcourt-rivers-state, consultado em 12 de junho de 2012.

Voet, E. van der, Heijungs, R., Mulder, P., Huele, R., Kleijn, R. e Oers, L. van. (1995) Substance Flows though the economy and environment of a region - Part I: SystemsDefinition.Envir. Sci.&pollut.Res.,2(2), 90-96

Wahid, M.B., Abdullah, S.N.A. e Henson, I.E. (2005) Oil palm -achievements and potential. Ciência da Produção Vegetal 8: 288-297.

Wanrosli, W.D., Zainuddin, Z., Law, K.N. e Asro, R. (2007) Pulp from oil palm fronds by chemical processes. Industrial Crops and Products 25: 89-94.

William, N. I e Banjo, O.O. (2016). Nexus de resíduos-saúde, explorando a dinâmica esquecida do desenvolvimento de Elaeis Guineensis no cinturão de palmeiras de óleo de Abak, Aks, Nigéria. Um artigo apresentado na Conferência da Associação de Geógrafos Nigerianos de 2017.

William, N. I. & William, I. (2016). Anatomizando a discrepância espaço-cultural na gestão de resíduos urbanos e rurais, lições para melhorar a sustentabilidade da qualidade ambiental em Abak, estado de Akwa Ibom, Nigéria em Inam, E., Widmer, K. e Odon, A. (eds.). Actas do Segundo Workshop Internacional sobre Gestão de Resíduos e Contaminação de Terras. Programa Conjunto UNIUYO & GIST em Colaboração com a Universidade de Lancaster, 13-16 de junho de 2016, Uyo, Nigéria.

Banco Mundial (2012) What a Waste: Uma análise global da gestão de resíduos sólidos. Banco Mundial. Washington DC, EUA.

Yacob, S., Hassan, M.A., Shirai, Y., Wakisaka, M. e Subash, S. (2006) Baseline study of methane emission from anaerobic ponds of palm oil mill effluent treatment. Science of the Total Environment 366: 187-196.

Yusoff, S. (2006) Renewable energy from palm oil-innovation on effective utilization of waste. Journal of Cleaner Production 14: 87-93.

Zandaryaa, S. (2011) "Global challenge of waste water -example from different continents," apresentado na Semana Mundial da Água 2011 em Estocolmo, 21-27 de agosto de 2011.

APÊNDICES

1. PROPRIEDADES FÍSICO-QUÍMICAS DO SOLO EM LIXEIRAS

Physicochemical Parameters	Sampling Points					
	U1	U2	Mean	R1	R2	Mean
pH	7.2	7.4	7.3± 0.1	6.90	7.9	7.4± 0.5
Temperature	35	28.56	31.8± 3.2	30.06	25.70	27.9± 2.2
Organic Carbon (%)	18	16.49	17.2 ±0.76	9.67	6.14	7.91±0.77
Total Nitrogen (%)	15	12.47	13.7 ±1.27	10.45	7.35	8.9 ±1.55
Zinc (mg/kg)	3	1.89	2.4± 0.56	1.55	1.05	8.1 ±3.3
Calcium (mg/kg)	4	2.07	3.0± 0.96	3.43	4.97	4.13± 4.1
Potassium (mg/kg)	0.39	0.56	0.48± 0.85	0.42	0.45	0.44± 0.15
Sodium (mg/kg)	0.23	0.19	0.2 ± 1 0.2	0.28	0.06	0.17± 0.11
Lead (mg/kg)	2.78	2.57	2.68 ±0.11	2.15	1.12	1.64± 0.515
Magnesium (mg/kg)	27.26	28.79	28.0± 0.77	32.15	46.88	39.5± 7.4

2. DADOS SOBRE A QUALIDADE DO AR NOS ATERROS DE RESÍDUOS

Sampling Location	NO2 (ppm)	SO_2 (ppm)	H_2S	CO	NH_3	Cl_2	HCN	TPM
SL1	0.1	4.0	0.1	9.75	5.0	0.1	1.0	9.56
SL2	0.2	2.2	0.25	14.0	9.0	0.22	1.5	5.59
SL3	0.1	1.0	0.5	12.7	11.0	0.42	2.0	6.45
SL4	0.1	3.7	0.3	8.5	6.0	0.6	3.75	8.25
Mean	0.125	2.73	0.29	11.24	7.75	0.335	2.06	7.46
Range	0.1-0.2	1.0-4.0	0.1-0.5	8.5-14.0	5.0-11.0	0.1-0.6	1.0-3.75	5.59-9.56
WHO standards	0.04-0.06ppm	0.1	-	10	2.00	-	-	6

3. PROPRIEDADES FÍSICO-QUÍMICAS DAS ÁGUAS SUPERFICIAIS

	N	Minimum	Maximum	Mean		Std. Deviation
	Statistic	Statistic	Statistic	Statistic	Std. Error	Statistic
pH	3	6.50	7.50	7.1333	.31798	.55076
Conductivity	3	25.40	36.90	30.7667	3.34182	5.78821
Temperature	3	24.60	28.90	26.8333	1.24410	2.15484
Turbidity	3	5.90	7.80	6.7333	.56075	.97125
TSS	3	8.70	655.00	225.4000	214.80280	372.04937
TDS	3	12.80	17.00	14.7000	1.22882	2.12838
DO	3	9.60	11.50	10.7733	.59221	1.02574
BOD	3	1.00	2.50	1.7333	.43333	.75056
Cl	3	20.44	27.40	23.5467	2.04357	3.53957
nitrite	3	.00	.14	.0867	.04372	.07572
nitrate	3	.22	.38	.3000	.04619	.08000
P	3	1.00	3.21	2.4700	.73501	1.27307
sulphur	3	10.00	13.74	12.0800	1.09988	1.90505
Ca	3	1.58	3.57	2.7967	.61575	1.06651
Mg	3	.67	.86	.7367	.06173	.10693
K	3	.25	.44	.3367	.05548	.09609
Na	3	2.67	5.15	4.0000	.72155	1.24976
Lead	3	7.00	9.15	7.9633	.63062	1.09226
Iron	3	1.90	2.60	2.3000	.20817	.36056
copper	3	.01	.20	.0867	.05783	.10017
Zinc	3	.01	.15	.0700	.04163	.07211
cromium	3	.00	.20	.1337	.06633	.11489
nickel	3	.00	.02	.0067	.00667	.01155
manganese	3	.30	1.20	.6333	.28480	.49329

Printed by Books on Demand GmbH, Norderstedt / Germany